文章精选自《读者》杂志

# 人工智能"入侵"绘画圈

读者杂志社 ———— 编

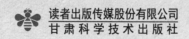
读者出版传媒股份有限公司
甘肃科学技术出版社

图书在版编目（ＣＩＰ）数据

人工智能"入侵"绘画圈 / 读者杂志社编 . -- 兰州：
甘肃科学技术出版社，2021.7（2024.1重印）
ISBN 978-7-5424-2838-7

Ⅰ．①人… Ⅱ．①读… Ⅲ．①人工智能－普及读物
Ⅳ．① TP18-49

中国版本图书馆 CIP 数据核字（2021）第097329号

人工智能"入侵"绘画圈

读者杂志社　编

项目策划　宁　恢
项目统筹　赵　鹏　侯润章　宋学娟　杨丽丽
项目执行　杨丽丽　史文娟
策划编辑　李秀娟　韩维善　马逸尘

项目团队　星图说
责任编辑　何晓东
封面设计　吕宜昌
封面绘图　于沁玉

出　版　甘肃科学技术出版社
社　址　兰州市城关区曹家巷1号　　730030
电　话　0931-2131570（编辑部）　　0931-8773237（发行部）

发　行　甘肃科学技术出版社　　印　刷　唐山楠萍印务有限公司
开　本　787毫米×1092毫米　1/16　印　张　13　插　页　2　字　数　200千
版　次　2021年7月第1版
印　次　2024年1月第2次印刷
书　号　ISBN 978-7-5424-2838-7　　定　价：48.00元

图书若有破损、缺页可随时与本社联系：0931-8773237

# 摘尽枇杷一树金

## ——写在"《读者》人文科普文库·悦读科学系列"出版之时

　　甘肃科学技术出版社新编了一套"《读者》人文科普文库·悦读科学系列"，约我写一个序。说是有三个理由：其一，丛书所选文章皆出自历年《读者》杂志，而我是这份杂志的创刊人之一，也是杂志最早的编辑之一；其二，我曾在1978—1980年在甘肃科学技术出版社当过科普编辑；其三，我是学理科的，1968年毕业于兰州大学地质地理系自然地理专业。斟酌再三，勉强答应。何以勉强？理由也有三，其一，我已年近八秩，脑力大衰；其二，离开职场多年，不谙世事多多；其三，有年月没能认真地读过一本专业书籍了。但这个提议却让我打开回忆的闸门，许多陈年往事浮上心头。

　　记得我读的第一本课外书是法国人儒勒·凡尔纳的《海底两万里》，那是我在甘肃武威和平街小学上学时，在一个城里人亲戚家里借的。后来又读了《八十天环游地球》，一直想着一个问题，假如一座房子恰巧建在国际日期变更线上，那是一天当两天过，还是两天当一天过？再后来，上中学、大学，陆续读了英国人威尔斯的《隐身人》《时间机器》。最爱读俄罗斯裔美国人艾萨克·阿西莫夫的作品，这些引人入胜的故事，让我长时间着迷。还有阿西莫夫在科幻小说中提出的"机器人三定律"，至今依然运用在机器人科技上，真让人钦佩不已。大学我学的是地理，老师讲到喜马拉雅山脉的形成，是印澳板块和亚欧板块冲击而成的隆起。板块学说缘于一个故事：1910年，年轻的德国气象学家魏格纳因牙疼到牙医那里看牙，在候诊时，偶然盯着墙上的世界地图看，突然发现地图上大西洋两岸的巴西东端的直角突出部与非洲西海岸凹入大陆的几内亚湾非常吻合。他顾不上牙痛，飞奔回家，用硬纸板复制大陆形状，试着拼合，发现非洲、印度、澳大利亚等大陆也可以在轮廓线上拼合。以后几年他又根据气象学、古生物学、地质学、古地极迁移等大量证据，于1912年提出了著名的大陆漂移说。这个学说的大致表达是中生代地球表面存在一个连在一起的泛大陆，经过2亿多年的漂移，形成了现在的陆地和海洋格局。魏格纳于1930年去世，又过了30年，板块构造学兴起，人们才最终承认了魏格纳的学说是正确的。

我上学的时代，苏联的科学学术思想有相当的影响。在大学的图书馆里，可以读到一本俄文版科普杂志《Знание-сила》，译成中文是《知识就是力量》。当时中国也有一本科普杂志《知识就是力量》。20世纪五六十年代，中国科学教育界的一个重要的口号正是"知识就是力量"。你可以在各种场合看到这幅标语张贴在墙壁上。

那时候，国家提出实现"四个现代化"的口号，为了共和国的强大，在十分困难的条件下，进行了"两弹一星"工程。1969年，大学刚毕业的我在甘肃瓜州一个农场劳动锻炼，深秋的一个下午，大家坐在戈壁滩上例行学习，突然感到大地在震动，西南方向地底下传来轰隆隆的声音，沉闷地轰响了几十秒钟，大家猜测是地震，但那种长时间的震感在以往从来没有体验过。过了几天，报纸上公布了，中国于1969年9月23日在西部成功进行了第一次地下核试验。后来慢慢知道，那次核试验的地点距离我们农场少说也有1000多千米。可见威力之大。"两弹一星"工程极大地提高了中国在世界上的地位，成为国家民族的骄傲。科技在国家现代化强国中的地位可见一斑。

到了20世纪80年代，随着改革开放时期来到，人们迎来"科学的春天"，另一句口号被响亮地提出来，那就是"科学技术是第一生产力"，是1988年邓小平同志提出来的。1994年夏天，甘肃科学技术出版社《飞碟探索》杂志接待一位海外同胞，那位美籍华人说他有一封电子邮件要到邮局去读一下。我们从来没有听说过什么电子的邮件，一同去邮局见识见识。只见他在邮局的电脑前捣鼓捣鼓，就在屏幕上打开了他自己的信箱，直接在屏幕上阅读了自己的信件，觉得十分神奇。那一年中国的互联网从教育与科学计算机网的少量接入，转而由中国政府批准加入国际互联网。这是一个值得记住的年份，从此，中国进入了互联网时代，与国际接轨变成了实际行动。1995年开始中国老百姓可以使用网络。个人计算机开始流行，花几千块钱攒一个计算机成为一种时髦。通过计算机打游戏、网聊、在歌厅点歌已是平常。1996年，《读者》杂志引入了电子排版系统，告别了印刷的铅与火时代。2010年，从《读者》杂志社退出多年后，我应约接待外地友人，去青海的路上，看到司机在熟练地使用手机联系一些事，好奇地看了看那部苹果手机，发现居然有那么多功能。其中最让我动心的是阅读文字的便捷，还有收发短信的快速。回家后我买了第一部智能手机。然后做出了一个对我们从事的出版业最悲观的判断：若干年以后，人们恐怕不再看报纸杂志甚至图书了。那时候人们的视线已然逐渐离开纸张这种平面媒体，把眼光集中到手机屏幕上！这个转变非同小可，从此以后报刊杂志这些纸质的平面媒体将从朝阳骤变为夕阳。而这一切，却缘于智能手机。激动之余，写了一篇"注重出版社数字出版和数字传媒建设"的参事意见上报，后来不知下文。后来才知道世界上第一部智能手机是1994年发明的，十几年后才在中国普及。2012年3月的一件大事是中国腾讯的微信用户突破1亿，从此以后的10年，人们已经是机不离身、眼不离屏，手机成为现代人的一个"器官"。想想，你可以在手机上做多少件事情？那是以往必须跑腿流汗才可以完成的。这便是科学技术的力量。

改革开放40多年来，中国的国力提升可以用翻天覆地来表述。我们每一个人都可以切身感受到这些年科学技术给予自己的实惠和福祉。百年前科学幻想小说里描述的那些梦想，已然一一实现。仰赖于蒸汽机的发明，人类进入工业革命时代；仰赖于电气的发明，人类迈入现代化社会；仰赖于互联网的发明，人类社会成了小小地球村。古代人形容最智慧的人是"秀才不出门，能知天下事"，现在人人皆可以轻松做到"秀才不出门，能做天下事"。在科技史中，哪些是影响人类的最重大的发明创造？中国古代有造纸、印刷术、火药、指南针四大发明。也有人总结了人类历史上十大发明，分别是交流电（特斯拉）、电灯（爱迪生）、计算机（冯·诺伊曼）、蒸汽机（瓦特）、青霉素（弗莱明）、互联网（始于1969年美国阿帕网）、火药（中国古代）、指南针（中国古代）、避孕技术、飞机（莱特兄弟）。这些发明中的绝大部分发生在近现代，也就是19、20世纪。有人将世界文明史中的人类科技发展做了如是评论：如果将5000年时间轴设定为24小时，近现代百年在坐标上仅占几秒钟，但这几秒钟的科技进步的意义远远超过了代表5000年的23时59分50多秒。

科学发明根植于基础科学，基础科学的大厦由几千年来最聪明的学者、科学家一砖一瓦地建成。此刻，忽然想到了意大利文艺复兴三杰之一的拉斐尔（1483—1520）为梵蒂冈绘制的杰作《雅典学院》。在那幅恢宏的画作中，拉斐尔描绘了50多位名人。画面中央，伟大的古典哲学家柏拉图和他的弟子亚里士多德气宇轩昂地步入大厅，左手抱着厚厚的巨著，右手指天划地，探讨着什么。环绕四周，50多个有名有姓的人物中，除了少量的国王、将军、主教这些当权者外，大部分是以苏格拉底、托勒密、阿基米德、毕达哥拉斯等为代表的科学家。

所以，仰望星空，对真理的探求是人类历史上最伟大的事业。有一个故事说，1933年纳粹希特勒上台，他做的第一件事是疯狂迫害犹太人。于是身处德国的犹太裔科学家纷纷外逃跑到国外，其中爱因斯坦隐居在美国普林斯顿。当地有一所著名的研究机构——普林斯顿高等研究院。一天，院长弗莱克斯纳亲自登门拜访爱因斯坦，盛邀爱因斯坦加入研究院。爱因斯坦说我有两个条件：一是带助手；二是年薪3000美元。院长说，第一条同意，第二条不同意。爱因斯坦说，那就少点儿也可以。院长说，我说的"不同意"是您要的太少了。我们给您开的年薪是16000美元。如果给您3000美元，那么全世界都会认为我们在虐待爱因斯坦！院长说了，那里研究人员的日常工作就是每天喝着咖啡，聊聊天。因为普林斯顿高等研究院的院训是"真理和美"。在弗莱克斯纳的理念中，有些看似无用之学，实际上对人类思想和人类精神的意义远远超出人们的想象。他举例说，如果没有100年前爱因斯坦的同乡高斯发明的看似无用的非欧几何，就不会有今天的相对论；没有1865年麦克斯韦电磁学的理论，就不会有马可尼因发明了无线电而获得1909年诺贝尔物理学奖；同理，如果没有冯·诺伊曼在普林斯顿高等研究院里一边喝咖啡，一边与工程师聊天，着手设计出了电子数字计算机，将图灵的数学逻辑计算机概念实用化，就不会有人人拥有手机，须臾不离芯片的今天。

对科学家的尊重是考验社会文明的试金石。现在的青少年可能不知道，近在半个世纪前，我们所在的大地上曾经发生过反对科学的事情。那时候，学者专家被冠以"反动思想权威"予以打倒，"知识无用论"甚嚣尘上。好在改革开放以来快速而坚定地得到了拨乱反正。高考恢复，人们走出国门寻求先进的知识和技术。以至于在短短40多年，国门开放，经济腾飞，中国真正地立于世界之林，成为大国、强国。

虽说如此，人类依然对这个世界充满无知，发生在2019年的新冠疫情，就是一个证明。人类有坚船利炮、火星探险，却被一个肉眼都不能分辨的病毒搞得乱了阵脚。这次对新冠病毒的抗击，最终还得仰仗疫苗。而疫苗的研制生产无不依赖于科研和国力。诸如此类，足以证明人类对未知世界的探索才刚刚开始。所以，对知识的渴求，对科学的求索，是我们永远的实践和永恒的目标。

在新时代，科技创新已是最响亮的号角。既然我们每个人都身历其中，就没有理由不为之而奋斗。这也是甘肃科学技术出版社编辑这套图书的初衷。

写到此处，正值酷夏，读到宋代戴复古的一首小诗《初夏游张园》：

乳鸭池塘水浅深，

熟梅天气半晴阴。

东园载酒西园醉，

摘尽枇杷一树金。

我被最后一句深深吸引。虽说摘尽了一树枇杷，那明亮的金色是在证明，所有的辉煌不都源自那棵大树吗？科学正是如此。

胡亚权

2021年7月末写于听雨轩

# 目 录

# 50 年后我们怎样读书

李开周

### 科学家在北极收集雪样

美国加州大学伯克利分校有一位老师，辞职后开始创业，专门制作并分销文学名著的智能版本，让用户通过付费穿戴设备来"阅读"。

听起来很玄乎，是吧？其实很容易理解。就拿《西游记》来说，自这部小说诞生以来，可能出现过上百种版本的纸质书，但不管哪个版本，故事顺序都是一样的，都是从孙悟空出世写起，到唐僧师徒取经成功、修成正果结束。但如果把它做成智能版本，那故事顺序就可以由读者自行选择，主要人物也是可以改变的。你完全可以根据自己的阅读偏好，让猪八戒、沙和尚或者女儿国里的婆婆当主角，或者将自己代入他（她）

王　原｜图

的角度，用他（她）的视角把整个故事重新体验一遍。

你也可以跟书里的人物互动，可以在"读"这本书的同时跟唐僧交谈，向嫦娥表白，帮孙悟空一起打怪。你甚至可以通过 VR 设备和 AR 设备来观看这本书，你眼前的山山水水都是那么逼真，你甚至能闻到孙大圣皮毛下面散发出的汗味儿。

你可能会说，这不就是打游戏吗？不就是把《西游记》改编成了一款 3D 游戏吗？

错，它比游戏更复杂、更深刻。游戏追求的仅仅是感官刺激和互动体验，而美国加州大学伯克利分校这位辞职创业的老师，正在努力将小说里的感情体验和人生思考立体化，让读者有可能从更多的角度来理解一本书。

我认为，我们 50 年后要读的，也许正是这样的书。

# 当人工智能变成人类杀手

胡文利

1942 年，著名科幻小说家阿西莫夫提出了"机器人三定律"：第一，机器人不得伤害人类个体，或者对身处险境的人袖手旁观；第二，机器人必须服从人的指令，除非这条指令违反第一条；第三，在不违反以上两条的情况下，机器人有权自保。

这些原则对后世的科幻文学产生了深远影响，也成为现代人工智能（AI）学科的奠基石。数十年来，"失控的机器人"是人类挥之不去的梦魇，一代又一代科学家试图将日益强大的 AI 永远置于阿西莫夫定律的禁锢中。

2018 年 11 月由美国 HBO 推出的纪录片《杀手机器人的真相》揭示了冰冷的现实：AI 似乎正在远离阿西莫夫的构想，朝着《终结者》或《西部世界》的方向发展。

## 杀手机器人已走进现实

《杀手机器人的真相》在机器人"科多莫罗德"的叙述中开场。科多莫罗德看上去是个漂亮姑娘，但"僵硬的动作"和"怪异的停顿"揭示了她的身份。美国"每日野兽"网站文章称："用机器人的口吻讲述机器人杀手的故事再合适不过。"

科多莫罗德首先回顾了2015年发生在德国法兰克福大众汽车工厂里的一起悲剧。一名21岁的工人走进"关押"机器人的"安全笼"中进行调试，机器人突然"发飙"，用机械臂抓起工人并将其按在金属板上碾压，致其死亡。事故发生后，大众公司含糊其词，至今未得出调查结论。检察官曾考虑提起诉讼，却不知该指控谁。

据美国职业安全健康管理局统计，过去30年间，机器人制造了30多起命案。最近一次发生在2017年，57岁的技术人员万达·霍尔布鲁克在密歇根州一家汽车配件厂被机器人杀死，事件的细节令人毛骨悚然。这家工厂里的机器人和人类在不同区域工作。然而，有个机器人"越界"了，它来到霍尔布鲁克身边，举起沉重的配件砸向她的头颅。死者的丈夫表示，妻子经历了"巨大的惊恐、疼痛和折磨"。

如果说工业机器人"大开杀戒"离普通人有些遥远，那么，自动驾驶汽车制造的车祸足以给乐观的人敲响警钟。自动驾驶汽车被称为"第一代民用智能机器人"，可正如《杀手机器人的真相》指出的，它们远非完美无缺。2016年，一名美国男子的特斯拉汽车在自动驾驶模式下转弯时，未察觉一辆拖车正在横穿路口，以118千米的时速径直撞了上去，特斯拉的车顶被削掉，车主瞬间殒命。

机器人能摧毁人类的血肉之躯，还会抢夺人类的饭碗。影片提到，机器人正在加速取代人，无论是在制造业、农业还是服务业，它们的身影越来越清晰，"当你听到美国的政客承诺提高就业率时，他们不是在妄想就是在撒谎"。

人工智能的粉丝描绘了一幅乌托邦画卷：机器人完成所有工作，人们只需坐享清福；你我的大脑将被上传到云端，实现"永生"。

而现实是，自动化导致越来越多的蓝领劳动者失去生计，留下来的工人为了保住饭碗，不得不更卖命地工作。一边是效率更高、成本更低的机器人，一边是一有不满就罢工的工人，老板有什么理由对后者手下留情？

"机器人是好的，"科多莫罗德这样评价同类，"除了杀人和抢工作的时候。"

## 该让 AI 掌控生杀大权吗

AI 对人类的威胁日益增大，把生杀大权交到它手中更是火上浇油。

使用杀伤性武器的决定权一直掌握在人类手里，但 AI 的发展有朝一日或将改变这一局面。机器人可以更早发现敌人，并主动出击，消灭目标。据报道，美国、英国和以色列等国家都在尝试赋予无人机和导弹自主权。

这与阿西莫夫定律背道而驰，对人工智能武器的猛烈抨击汹涌而至。2015 年，斯蒂芬·霍金及 1000 多名人工智能科学家联名发出一封公开信，警告说"自动化武器将像 AK-47 步枪一样普及"，并"在执行暗杀、征服其他民族、破坏别国稳定、减少其他民族人口等任务时扮演冷酷的工具"。2018 年，谷歌公司的几名资深 AI 专家发表声明，"拒绝开发直接或间接导致人员伤亡的武器和技术"。

有人呼吁全面禁用不需要人类监督的全自动致命性武器，这项倡议受到澳大利亚、以色列、美国、俄罗斯和韩国等国家的抵制，未能成为国际规则。

"我认为自动化武器不能遵守作战规则，它们分不清敌我，也无法做出正确反应。"英国谢菲尔德大学教授诺尔·夏奇告诉记者，"比如，你不能说本·拉登的性命等于 50 个老太太加 20 个孩子，人类必须亲自判断，不能让机器代劳。我不反对机器人，但让杀人武器自己跑出去滥杀无辜，这太可怕了。"

我们可以假想这样一幕：飘雪的寒冷冬日，两国士兵正在进行例行边境巡逻，双方都配备了手持机枪的机器人，它们能识别出有威胁的人员和车辆。一名士兵不慎跌倒，触碰了步枪扳机。对面的机器人听到枪声，立刻判断这是攻击信号。一秒之内，双方机器人在算法的指挥下同时向人类开火。枪声停止后，几十名士兵的尸体散落在机器人周围。两个国家剑拔弩张。

对机器人士兵的担忧并非空穴来风。据英国 listverse 网站消息，2007 年，南非的一台防空武器在演习期间无缘无故地开火，杀死了 9 名士兵。经查，"肇事者"可以在无人干预的情况下发现和打击目标，甚至自行装弹。防务工程师理查德·杨表示，此事绝非偶然，他曾多次目睹武器"发狂"，只是当时没人丧命而已。

## "超级物种"实现自我进化

人工智能会摆脱人类的约束吗？这是我们对 AI 最大的担忧。

瑞典学者尼克·博斯特罗姆在《超级智能的演变、危险和对策》一书中写道，人脑神经元的工作速率约为 200 赫兹，信号传递速度为 120 米／秒；AI 的工作速率为 2000 万赫兹，信号传递速度为光速。而且，人脑中神经元的数目是有限的，而 AI 不受存储空间限制。

一些高级 AI 可以自行修改源代码，进一步改进算法，提高"智商"，把人类远远抛在身后。因此，它们的智力必然高于人类。

AlphaGo Zero 是这类 AI 中的佼佼者，它是谷歌"阿尔法狗"家族的成员。AlphaGo 的其他版本都以大量棋局作为学习基础，而 AlphaGo Zero 跳过这一步，在玩游戏的过程中学习如何玩游戏。诞生第 1 天，除了基本的规则，它对围棋一无所知；第 3 天，它便打败了战胜过李世石的"大哥"AlphaGo Lee，战绩为 100：0；第 40 天，它超越了 AlphaGo 的其他所有版本，成为围棋界的"独孤求败"。

科学家没有为 AlphaGo Zero 预存任何围棋知识，让它如此强大的秘密是一种新的强化学习模式。它将 AI 的神经网络与强大的搜索算法结合，在一次次自我博弈中调整并更新神经网络，唯一的目标是赢者通吃。简而言之，AlphaGo Zero 不再受人类既有知识的束缚，它是能自我学习和创造的"超级物种"。

AlphaGo Zero 的自主进化能力令人震惊，而在脸书的人工智能实验室中发生的一件事则让所有知情者脊背发凉。2017 年，训练机器人谈判的研究人员发现，这些机器人在用某种"非人类语言"交流。研究人员不得不调整指令，把 AI 之间的对话限制在人类能理解的范围内。

这种现象有点儿像双胞胎的"隐语症"——2011 年，有人把一对双胞胎的视频上传到 YouTube 网站：两个蹒跚学步的孩童用无人理解的声音喋喋不休地"聊天"。不过，脸书表示，与双胞胎的"心灵感应"不同，机器人似乎正在创造语言，这些语言具有连贯的结构、特定的词汇和语法。

一旦 AI 全面超越人类，它们或许不会对"造物主"感恩戴德，特别是当我们不知如何向它们灌输情感的时候。一个心冷如铁又无所不能的存在，凭什么对一群只是因为天气恶劣就不想起床上班的生物怀有特别的感情呢？

### 恐惧源自不确定的未来

在纪录片《杀手机器人的真相》中，一些受访者认为机器人能促进社会繁荣，另一些人担心它只会加剧贫富差距。

已故科学家霍金曾向英国广播公司表达自己对人工智能的担忧。在他看来，人工智能的充分发展可能是人类的末日，"几乎可以肯定，在1000年到1万年之内，人类的生存将受到技术的严重威胁。"

霍金的想法激起了不少人的共鸣，包括特斯拉CEO马斯克和比尔·盖茨。马斯克将开发AI比喻为"召唤魔鬼"，他相信超级智能可以把人类当宠物豢养。

计算机科学家迈克尔·伍尔德里奇认为，人工智能的算法在黑匣子里运行，复杂程度超出常人认知。如果我们不理解算法如何运作，就无从预测AI何时失控。因此，自动驾驶汽车或机器人在关键时刻会"失心疯"，让人类命悬一线。

人工智能的支持者同样大有人在。克里斯多夫·沃尔特是德国的一名机器人工程师，他并不觉得自动化会跟人类抢饭碗。"我们的目的不是用机器人代替工人，而是要为工人提供支持。"他在纪录片中强调。

好消息是，经过多年研究，科学家仍然没有发现机器人在需要情感交流的工作中比得上人类，例如护理。尽管如此，在日趋老龄化的社会中使用机器人护工，确实能让各国政府节省大笔养老和医疗开支，这比对抗"终结者"更现实。

人工智能堪称当代最热门、最难理解、最具争议的技术之一。你无法看到它或触摸它，甚至可能意识不到自己正在使用它，比如当你家里的恒温调节器设定适合的温度，或者手机自动纠正你输入的字母时。

半个世纪以来，人类在人工智能的帮助下进步；如今，AI成为主角的时代正在到来。我们身处的世界信息量巨大，只有近乎无限的计算能力才能应付。人工智能可以切实帮人类克服很多棘手的课题，包括通信、能源、气候、医疗、交通等。人工智能技术终将适应人类，给社会带来深刻变化。

"超级人工智能的兴起将是人类有史以来最好或最坏的事情。"如霍金生前所言，"我们还不知道是哪一个。"

美国小说家洛夫克拉夫特说过："人类最古老、最强烈的恐惧源于未知。"这或许才是我们如此害怕人工智能的原因。

# "涩谷新人类"与"硅谷新人类"

陈耀明

啪啦啪啦！啪啦啪啦！

进入 2001 年以来，一种叫作"啪啦啪啦"的时尚潮流席卷而来！

"啪啦啪啦"，即 Para Para，是风靡于东京涩谷一带的一种青春舞蹈，也就是在流行歌曲的音乐背景下，不停地拍手、挥手、举手、摆手……一首歌曲大概可以发挥出 100 多种手势，木村拓哉、滨崎步都曾在他们的演唱会上演示过。随着暑期大片《啪啦啪啦樱之花》的推波助澜，中国的"哈日族"很快也"啪啦啪啦"起来！

坦率地说，和浪漫的伦巴、激情的探戈、优雅的华尔兹、粗犷的斗牛舞、奔放的恰恰恰相比，啪啦啪啦简直太没意思啦——手舞足不蹈，这也叫舞吗？记得前几年的城市街头，"哈日族"曾经流行过一种同样是来自日本的"跳舞毯"潮流，即在一块廉价的、斑驳的、脏兮兮的毯上，随着音乐节奏和电子屏幕的指示箭头，往前迈脚、往后迈脚、往左迈脚、往右迈脚……

从跳舞毯到啪啦啪啦，都不约而同地体现了日本流行文化的共同特征，即：束缚人的创造性，限制人的想象力。我曾在一篇题为《跳舞毯：后卡拉 OK 时代》的文章里认为：

"日本没有帕瓦罗蒂级的人物，却发明了卡拉 OK；没有迈克尔·杰克逊级的人物，却发明了跳舞毯；没有斯皮尔伯格级的人物，却发明了青春偶像剧；没有毕加索级的人物，却发明了卡通画；没有比尔·盖茨级的人物，却发明了电子鸡；没有黑格尔级的人物，却发明了'脑筋急转弯'……这些浅薄的流行文化恐怕只有日本人才能创造出来。"日本的流行文化就像他们的寿司一样，是拘谨的，呆板的，平面的，小气的，乏味的，肤浅的，简单的。而正因为简单、肤浅、好消化，所以日本流行文化轻而易举地征服了中国的新人类。对于出生于 20 世纪 80 年代以来的中国新人类来说，他们的每一阵时尚潮流感几乎都是发源于东京涩谷一带，所以他们号称"哈日族"。

"哈日族"就像涩谷街头那些"樱桃小丸子"一样，反对优雅，拒绝成熟，流行染着黄色的头发，穿着天真烂漫的卡通装，蹬着花花绿绿的松糕鞋，捧着一瓶甜甜的奶嘴软糖，追求"卡哇伊"。所谓"卡哇伊"，即"KAWAII"，日本话里的意思是"可爱"。然而，日本一些有识之士却对"涩谷新人类"提出忧虑，认为他们并不"卡哇伊"。从 20 世纪 60 年代就开始研究青年问题的日本学者高山秀夫，在一项"你最想要什么"的专题调查中发现：20 世纪 60 年代的年轻人渴望拥有电视和电冰箱；70 年代的年轻人渴望拥有彩色电视机和小汽车；80 年代的年轻人想要一部随身听，一台任天堂游戏机，一双棒球手套；而现在的新人类却什么也不想要。高山秀夫认为：现在已经没有什么能激励日本孩子们的事了，"什么也不要"意味着这是"空虚的一代"。

据报道，"涩谷新人类"现在甚至连工作都不想要，而是宁愿在酒吧做收银员，在快餐店做小时工，也拒绝在写字楼做白领阶层，他们对父辈引以为荣的"认真""工作狂"精神不屑一顾。《认真的崩溃：新日本人论》一书振聋发聩地指出："认真的崩溃，意味着日本的崩溃。"

浅薄的日本流行文化，造就了浅薄的"涩谷新人类"，属于他们的关键词是：卡通、漫画、明星、演唱会、随身听、皮卡丘、木村拓哉、松岛菜菜子、樱桃小丸子、泡沫奶茶、啪啦啪啦……而在太平洋彼岸的美国，却成长着另一种新人类，即"硅谷新人类"，属于他们的关键词是：数码、网页、闪客、CEO、.COM、纳斯达克、Napster 网站、Flash、MTV 文件、Linux 软件、蓝牙技术……美国一位学者指出："他们从小就接触功能强大的计算机，数字化已经成为这一代的'第二性'，他们发现创办自己的网络公司，就像玩滑板车一样简单。"

我们可以设想，当某一位"涩谷新人类"在为木村拓哉主演的某一部青春偶像剧流泪的时候，某一位"硅谷新人类"也许在埋头为某个客户设计"解决方案"；当某一位"涩谷新人类"满足于在酒吧做收银员的时候，某一位"硅谷新人类"也许在考虑我的下一个分公司该设在匹兹堡还是渥太华？

那么，"涩谷新人类"与"硅谷新人类"，谁更"卡哇伊"？谁更值得我们"哈"？这是一个值得中国"新人类"思考的问题。

# "虚拟现实"其实可以很务实

王飞跃

　　未来，会不会出现沉溺在虚拟现实中，完全脱离现实社会的一代？当脸书的首席执行官扎克伯格宣布将虚拟现实作为公司未来发展的方向时，微软、谷歌等科技巨头纷纷投入巨资研发虚拟现实技术，整个科技行业对虚拟现实的热情像火焰般蔓延开来。然而，一些社会学家担忧：随着互联网、智能手机的普及，人类将越来越逃避现实，活在由虚拟世界构筑的"壳"里。

　　这种担忧十分现实。现在，由虚拟现实技术搭建的世界将比互联网世界更加精彩、逼真，"壳"自然也更厚。在美国，随着"游戏一代"进入大学，许多问题已经浮现。21 世纪之初，我的同事 Bahill 教授调查发现，大学里多数学生不愿甚至害怕与老师面对面谈话，有问题多以电子邮件或用在论坛里提问的方式解决，令他十分担忧。

这种担忧或许是没有必要的，老一代与从小玩手机、平板电脑长大的新一代"数字原住民"之间的技术代沟与行为差别是现实但自然的。社会发展的历史告诉我们：不是新一代适应老一代，必须是老一代适应新一代。

虚拟现实技术还处在相当初级的阶段，距离成熟并广泛应用，还有漫长的路要走。实际上，虚拟现实是催生互联网最直接的动因之一，这一技术的广泛应用也是互联网，特别是物联网和云计算的必然结果。

过去的几千年，人与人之间的交流方式发生了巨大的变化，未来，面对面交流这种形式仍会存在，但它的比重、角色将发生变化。虚拟现实和物理现实的交汇，将极大地提高人的工作效率，使交流更简单，在有限时间内可交流的人与事更多。通过平行控制、平行管理、平行计算，以及知识自动化、智能软件与物理机器人，各个领域被打通了，网络世界将被充分利用起来，人不可能触及的网络世界的各个角落，都可以通过各种虚拟机器人到达。虚拟世界将不再是"壳"，而是信息和知识的机场、车站和港口，从一个点迅速而方便地到达其他地方。

就像蒸汽机的发明改变了农民的生活，虚拟现实、人工智能和机器人也将极大地改变人的生活，把社会效率带上一个新的台阶，这种变化甚至比工业社会代替农业社会还要大。具体来说，虚拟现实将给人类社会发展带来三大变化：

一、描述性和可视化。过去我们要理解一种理论，需要阅读众多专著，查阅大量资料。而且，由于语言文字的特性，一千个人心中有一千个哈姆雷特，理解很难达成一致。再加上，当某个专家看到某个现象并写进书里，由现实到文字这段时间，现实已经发生了变化。现在依靠虚拟现实技术，如果要描述一个故事，就把人放到故事的虚拟场景中去，临场感觉将不通过语言直接进入脑海，省却很多通过语言转述、理解所消耗的时间，可以极大地提高效率。

二、人工智能技术与虚拟现实的结合。由人工智能帮人选择，让人聚焦，使人能够预测性、实验性地进入不同的场景，这是虚拟现实未来要努力实现的。

三、引导性，由牛顿时代向默顿时代升华，这一步目前还处于研究阶段。牛顿时代，人类需要遵循物理学定律；默顿时代，通过虚拟现实、云计算、大数据，人有能力自我实现想象中的一种目标或者场景。引导的过程是交互的，可以把巨大的目标分成若干微小易实现的目标，并且将其封装化、组合化、可视化，让每一步做起来更加简单，不断给人选择，这就是波普尔所称的"零星社会工程"。

现在制定和实施一项社会政策，往往需要多年才能检验到实际效果。如果有虚拟现实构造的人工社会模型，在政策制定后，先拿虚拟人做试验，在"计算"试验中发现政策中可能出现的漏洞，推理中可能出现的局限甚至偏见，再通过虚拟现实，把逻辑上的错误和个人的私利尽可能剔除出来，加以修正。通过智能系统选择最优化的方案，而不是拿实际的人力、资源、财政来试错。此外，还可以在虚拟和物理社会中同时实施政策，比较两者的结果，如果两者不一样，之间的差别就成为修正政策的反馈信号。

未来不单是社会政策，甚至每个人每做一件事之前都应该先虚拟化，模拟每一步有什么目标，怎样实现，这就是知识自动化的第一步。由于效率提高，节省出来的时间将被用到事前虚拟中去，不难设想，事前虚拟将减少许多社会矛盾和资源浪费。

# 冠军的秘密武器

Dawn　编译

对于运动员来说，胜利和失败往往只有 1% 秒的差距。在奥运会到来之际，所有国家的代表队都在努力钻研新科技，争取这 1% 秒的优势。

## VR 设备全方位展示赛道

通过虚拟现实眼镜，里约的自行车道 360° 无死角地呈现在格温·乔占森面前。有了它，乔占森对这条赛道的每个平面、每个拐角都了如指掌，获得了一种"近肌肉记忆"，可以在实际比赛中做出快速而直接的反应。

30 岁的乔占森两次获得铁人三项世界冠军。铁人三项是富有挑战性的运动之一，而里约的赛道又很难对付。为提高成绩，她的教练请来了虚拟现实专家乔·陈，此人曾是 Oculus 的产品经理，现在 Vrse 工作——

该公司专为传媒巨头制作 VR 电影和 VR 内容。陈飞到巴西，将一堆 GoPros 极限相机固定在汽车引擎罩上，与自行车运动员的视线等高，然后顺着赛道驾驶，进行全方位拍摄，将拍得的素材做成 VR 视频。如此一来，等于将里约赛道放到了乔占森面前。无论身在何处，她随时可以戴上眼镜，熟悉整个赛道，或反复播放片段，研究细节。

"很难解释它是多么真实。"乔占森说，VR 训练不仅可以帮助她了解赛道，而且让她对场地及各种细节形成肌肉记忆，使反应成为本能，"它帮我建立信心，减少可能出现的意外。"

目前唯一的遗憾是，因为尚未实现整合，这套 VR 技术仅适用于视觉训练，乔占森不能骑在自行车训练台上，一边看着赛道，一边猛蹬。陈希望下一步能打造出整套的 VR 模拟训练系统，应用于成本更高的运动，比如赛车训练。陈认为乔占森胜券在握，因为她面对里约赛道时，就像回到了家。

### 多种应用分析训练细节

十项全能运动员阿什顿·伊顿 9 年前在伦敦奥运会获得金牌，作为身体力学专家，他的训练助手，是形形色色的手机 App。

首屈一指的是日记 Day One，适用于智能手机和 iPad。伊顿用它记录训练细节，"秘密在于将感觉与硬数据联系起来，"他说，"比如，你做了一次推铅球练习，成绩很好，感觉也很舒服，那就是一次完美练习，要记录下来，方便复制。"搜索功能让伊顿可以随时梳理多年的训练笔记和成绩，发现那些带来突破的微调整。"比如今天跑了 250 米，就可以查看一年前同一天训练的情况，进行比较。我还可以设计不同的标签，看某项运动共做了多少次。"

而在捕捉实时关键数据方面，伊顿使用的是年费 120 美元到 500 美元的 App Coach's Eye，靠着它，教练可以用智能手机记录伊顿的动作，添加语音指导，在定格照片上绘图，甚至测量伊顿肘部的角度，等等。该 App 还可以慢速播放需要的画面，方便观察细小动作，进行微调。"我们倾向于把动作分解为三个阶段：开始、中间和结束。"伊顿说，教练还会将这些阶段再度细分，"手指在屏幕上滑动，一帧帧地查看动作的每个技术特点，真的很棒。"

## 手机游戏提高注意力

迈尔斯·查姆林 – 沃特森是美国男子花剑第一位世界冠军，但他有一个软肋：容易分心。裁判员的叫喊和观众席的欢呼，都能吸引他的注意力，而在这项不停进击和闪避的运动中，稍一失神就会导致中剑。

为此，他的官方赞助商请来了神经科学家莱斯利·瑟琳，她曾与冲浪运动员和电子竞技运动员合作，设计精神训练游戏。"不管是专心致志、昏昏欲睡还是自然放松，人类大脑都会发出不同的电子信号。"她说。她为沃特森开发了一款应用——在他专注时捕捉到大脑的电子信号，然后做出一个游戏，沃特森的大脑就是操纵杆。他戴上头盔，集中注意力，利用同样的电子信号指导自己的化身在手机或平板电脑上行动。瑟琳说，"人在全神贯注时是忘我的，自己意识不到，通过让'化身'行动，沃特森可以学会驾驭那种感觉，更好地控制注意力。"

每个运动员的弱点都不同，瑟琳的团队可以通过调整 App，达到不同的训练目的。比如，冲浪运动员可以用它训练放松状态，而篮球前锋可以用它提高判断力。从目前的数据看，瑟琳认为沃特森训练得很好。"他的反应速度很棒，"她说，"处理信息的速度也很快，犯错不多。"现在，沃特森的对手知道失利之后该找谁练习放松了。

## LED 传感器捕捉海豚踢

在游泳运动中，动作和力量一样重要，差距可能源于最小的细节，比如脚踝的角度。内森·亚德里安深明此理，他曾三次获得奥运金牌，还想在里约拿下第四枚。他所在的美国国家游泳队请宝马汽车公司帮助研发了一套训练系统：运动员身上装了 LED 传感装置，游泳时，高速摄影机精确追踪其动作，将他每次跃入、划水或者脚部的摆动拍下，并将这些动作转换为数据，供教练分析。

宝马的工程师说，影像捕捉和数据转化是一项大工程，比如需要在水下拍摄。但设备本身很便携，可以装在手提箱里。亚德里安发现宝马的设备可以捕捉到更细微的动作，将数据转换成二维透视图，这些图像有时分割得极为细微，比如显示运动员的脚趾弯曲度不够完美，这给了运动员前所未有的详细反馈。美国游泳队利用这些透视图评估和改善了一个极其重要的动作：海豚踢。如果亚德里安做出一个完美的海豚踢，教练就会把它设为基准，让其他运动员模仿。"我从未对自己的海豚踢进行过这样的分析。"亚德里安说。

## 阿姨轻了二两

和菜头

　　每周一、三、五都会有阿姨到我的住处打扫卫生，我们往往不会碰面，因为她们前来工作的时候，我早已经出门。等我到家的时候，看到闪闪发亮的地板和整齐叠放的毛巾，就知道她们已经来过了。

　　在我的卧室，有一台智能电子体重秤，能自动同步数据，做出曲线变化图。为了自动同步数据，我的体重秤和 Wi-Fi 始终保持连接。人只要站上去超过 3 秒，最新的体重数据就会同步推送到我的微信。

　　前天下午两点半，我正上着班，突然，我的手机响了，是一条体重测量结果通知。家里并没有人，那个时间点能进去的只有保洁阿姨。而我的智能秤记得我的体重范围，这时突然出来一个偏差很大的数据，为此它还专门做了备注提醒。就这样，我知道了两个事实：

1. 女性无论多少岁，在空无一人的房间里，只要她看到一台体重秤，都会站上去称一下体重；2. 我家保洁阿姨中的某一位，体重是 67.5 千克。

今天上午 9 点 15 分，我正在上班，又收到一条体重测量结果通知的消息，体重 67.4 千克。从中，我又得到了 3 个事实：

1. 女性无论多少岁，在空无一人的房间里，只要她看到一台体重秤，即便称过一次，她还是会站上去再称一回；2. 这次还是上次那位阿姨，喜欢称体重的总是会忍不住再称；3. 阿姨比上次轻了 0.1 千克，也就是 2 两！阿姨好样的！干得漂亮！

由于两次的数据报告里，BMI（也叫身体质量指数，用微电流通过脚掌流经身体，衡量一个人的体内脂肪多寡程度）始终显示为零，我可以从中推断出，这个阿姨每次站上体重秤的时候，都没有脱袜子，也没有脚汗。再考虑到她的体重是 67 千克，而胖子没有几个不是汗脚，所以，唯一的结论是：阿姨是穿着鞋站上去的。

我想，大概到现在阿姨都还不知道，她每次称量体重都会有消息同步通知到我的手机。而所有的保洁阿姨可能也都没有意识到，时代已经悄然改变了，房间里的感应器会越来越多，变得越来越智能。现在是自动同步体重秤数据，未来可能一切都处于网络摄像头的监控之下，在屋子里是否抽过烟，看过电视，打开过冰箱，使用过饮水机，动过马桶、空调，都会被感应器记录并且报告。

以后，不会再有空无一人的房间了。

也许，你到朋友家做一次客，喝过水的杯子就能搜集和分析你的 DNA 是否存在缺损；用过的马桶就能分析你的尿蛋白水平，检测你是否得了肾脏疾病和糖尿病；坐过的沙发就能分析你的脊柱强壮程度，测试你的肌肉弹性，判断你是否隐瞒了年龄；在洗手间里照一下镜子，镜子

勾 犇│图

就会悄然扫描你的眼底，分析你的视网膜是否有病变，是否有患高血压的风险……我想，未来的爸爸妈妈们，大概都会很乐意邀请孩子的对象来家里坐坐。而公司老板大概也会得到一份详尽的报告，了解哪个员工上班的时候上厕所过于频繁，经常去走廊抽烟、聊天……在我看来，未来的世界并不是无人驾驶汽车、VR 眼镜或者太空旅游的世界。未来的世界是一个充满感应器的世界，每一个人的每一个动作、每一个表情，甚至每一种味道，都会被记录和分析。现实世界将会以前所未有的形式和人类互动——同样是经过公交车站的广告牌，通过面孔扫描辨认出你的身份之后，每个人面前展示的广告都会不一样。

换一句话来说，未来最熟知我们的、知道人的秘密最多的，将会是机器。感应器就是机器的眼睛、鼻子、耳朵、舌头、皮肤，机器知道一切之后，就只需要耐心等待人工智能升级，世界，迟早将会是它们的。

# "织围脖"，谈利弊

Carol Skyring

李景泉　译

　　微博出现于 2006 年，现已突破其早期明显存在的局限性，受到越来越多人的欢迎，成为一个分享有用信息和知识的强大平台。

　　微博的最初用途是让人们每时每刻都能向外界播报自己的所作所为。目前，这仍然是微博的一个主要用途，但它的发展迅速和现在所具有的一系列交际功能，已远比以前复杂得多。人们用微博平台分享和查找信息，但信息的长度仅限于 140~200 个字符。人们使用微博的形式大概有以下几种：发布当前的所思所想；寻求支持或建议；分享资源；与他人进行讨论、沟通。

　　微博——连同其他形式的社交网络——已经对社会产生了深远的影

响，其影响程度堪比当时的印刷机。印刷机的出现永久地改变了信息分配和获取的方式，给大多数人提供了机会，使他们能够广泛获取此前无法获得的信息。一旦人们拥有了这种机会，他们对于信息的需求会与日俱增，这种对信息的强烈渴望一直以来都是我们有目共睹的。

现在，由于微博的使用，人们开始能够创造并传播信息，而不是像以前那样只是消费信息——消费他人传播和"控制"的信息。如此一来，人们获取信息的渠道得以进一步地拓展。

了解如今人们如何以及为何使用微博很重要，这能让我们对微博工具做进一步的开发和升级，使之成为大有可为的协作空间。

## 人们为何使用微博

微博介于博客和即时通信之间，现已成为一种新型的非正式通讯与协作工具，它使人们能够实时发布信息。人们之所以使用微博，原因众多。我对微博的专业用途进行了一番研究后发现，人们最常说的理由包括以下几条：

1. 在我的微博网络中，"脖友"间会分享有用的观点和资源，从而形成一种人力上的简易信息聚合关系——这就让我节省了时间，使我能够获取通过其他方式无法知晓的资源信息。

2. 我可以从我"关注"的专家们那里直接获取所需的信息，而不必等到他们发表文章或出书后再去了解。

3. 当我遇到难题的时候，我可以利用"脖友"的集体智慧来寻求一系列不同的解决方案。

4. 我用微博来取代搜索引擎——在微博里发出询问，几分钟之内我就会得到答案。

5. 用这种方式与身处各地和海外的同事保持联系，既快捷又方便。

6. 通过分享对其他人有价值的想法和资源，我可以为自己积攒人气。

微博的另一种用途是作为一种非正式渠道，对会议进行实时报道。

与会者可以把会议内容贴到接收信息来源更新的公共订阅网站，这样就可以使那些没有参加会议的人"听到"发言人正在讲什么内容了。

这样做还可以使那些与会人员看到其他人对发言人所讲内容的理解和反馈，并且经常会在此后某个时刻引发对该话题的进一步讨论。这样一来，这个订阅网站就变成了思想和观点的档案库，对与会者来说，它是未来很有价值的参考资料。把微博作为传播会议内容的一种非正式渠道也是一种良好的市场营销演练，因为目标事件会得到相当大的曝光率。

微博更令人激动的一个特点是，它能够使人们参与到具有重要社会意义的问题的讨论中来。微博用户贴出关于危机情境的实时新闻更新，几秒钟内全世界的读者都能看到这条新闻，这种现象已是司空见惯，众多的政府机构现在都在用微博发布公告。

然而，微博比较令人头疼的一个特点是，它被过度用于营销目的。对于把微博用于营销目的，我没有什么异议——事实上我们当中的多数人都在通过自己贴出的信息不断推销自己。但是，我还见到许多人在利用微博向别人兜售营销信息。微博的确可以成为一种推广营销信息的理想媒介，因为把已发布的信息再次转贴这一做法具有病毒式营销的特性，可以把用户信息推广至更为广阔的市场，这是传统营销模式无法企及的。关键在于要谨慎使用这一营销功能，否则你的"关注者"很快就会通过"取消关注"按钮把你从"关注人"中剔除。

## 对微博的顾虑

与对其他形式的社会媒体一样，人们对微博的顾虑主要在于隐私和安全问题。许多用户在争相使用这些新技术的过程中，并未停下来思考一下其中潜在的风险。大多数微博网站都会收集用户信息，而其中一些还把用户账户信息中提供的个人资料看做是网站的财产，这些服务商保留使用用户个人资料和将其出售给第三方的权利。（在登录微博之前，你认真读过《同意条款》吗？）

对于组织机构而言，他们主要担心的是员工会通过微博散布工作信息。微博上的帖子（除非是用悄悄话方式直接发送的消息）可以被挂上能执行外部命令的自动运行型木马，并且该帖子的内容是可以被检索到的。事实上，组织机构是不想让公众在公共微博网站上看到可能比较敏感的工作信息的，不能仅仅因为人们都使用新的交流手段就认为组织机构也应该认可或应用这些技术。不过，由于微博现已成为一种流行、有用的交流工具，它也可以使一些组织机构从中获益。如果某个组织机构同意员工使用公共微博，那么他们就需要实施一定的政策，做出明确的规定，以确保对微博的妥当使用。

## 未来的前景

微博只是通往无处不在的协作之路上的又一种工具。毫无疑问，它改变了人们交流的方式，而这将在未来的岁月里产生持续的影响。

不过，几年后微博将会演变成某种富媒体呈现工具，让我们在任何地方都能进行交流与协作。

围绕着微博和整个社交媒体，还存在一些更大意义上的社会与文化问题，有些人对这些问题表示担忧，这也在情理之中。微博会不可避免地使我们的职业与个人隐私间的界限更加模糊，并进一步地暴露在公众面前吗？只有时间能告诉我们答案。

喻 梁｜图

# "淘金"游戏

司　斌

## 游戏行业成"新贵"

　　说起电子游戏，人们首先想到的往往是"烧钱""上瘾"之类的词。你是否能想到，玩游戏也能赚钱？

　　在过去的几十年间，游戏制作产业及终端发展迅猛。据美国娱乐软件协会（ESA）调查，2015 年，美国消费者在游戏及其周边产品上的消费高达 302 亿美元；2016 年该项消费有增无减，上涨 2 亿美元，电子游戏在全球市场的表现更为亮眼：2016 年，全球电子游戏玩家消费 996 亿美元，相比上一年增长了 8.5%，而且未来有望继续上涨。总部设在荷兰的游戏市场调查公司 Newzoo 在一份报告中指出，根据电子游戏、手机游戏及电子竞技的使用情况和趋势，游戏产业收入在 2019 年达到了 1488 亿美元。

"以前，新游戏的开发是游戏产业的重中之重，如今，购买游戏只是游戏转化为资本的开始。"美国马盖特资本管理公司首席投资官及执行合伙人萨曼莎·格林伯格在接受美国财经媒体采访时称，"随着科技发展，视频内容、产品、虚拟现实技术和游戏赛事也会更加完善。通过这些手段可以将该行业推入'经常性收入模式'。电子游戏产业持续增长，在该领域施展拳脚的投资者会赚得盆满钵满。"

推动游戏产业迅猛发展的原因之一是移动设备的迅速普及和技术能力的快速提升。在令人眼花缭乱的众多应用中，手游无疑是最受欢迎的，2017 年，手游产业为全球游戏收益贡献了 500 亿美元。

在这个"不差钱"的行业中，职业电子游戏玩家的收益非常可观。10 年前，这一职业可能还不被主流社会所接受，如今它已成为备受瞩目的职业之一，大部分电子游戏职业玩家的年龄在 20 岁左右。

阿列克斯·克鲁普尼克闲暇时沉浸在游戏中。这个乌克兰小伙儿以在虚拟世界中"大杀四方"维生。2003 年他 20 岁出头时，就已经斩获电竞比赛大奖，得到的奖品是一台笔记本电脑，当时可以卖出 1430 美元的高价。"在乌克兰，这些钱足够我买一辆车。"他告诉记者。

当克鲁普尼克开始靠游戏比赛赚钱时，电竞产业还处在萌芽阶段。那时的他过着体面的生活：在 2011 年的职业生涯巅峰时期，他赢得了 3.35 万美元的比赛奖金，每个月还可以从赞助商那里获得约 2000 美元。

苏美尔·哈山是电竞行业中最年轻的"百万富翁"。他 7 岁开始玩电子游戏，通过玩名为 Dota 的在线多人游戏，获得了共计 250 万美元的收入。如今，他已经把"打 Dota"当成了全职工作。

即便是职业玩家也需要教练指导。教练的职责是帮助职业玩家进行训练、出谋划策、寻找代言、组织活动和比赛等。因 Dota 游戏出名的 TL 战队的一名助理教练透露，他 2015 年的年薪在 3 万美元左右，此外还有医疗保险和绩效奖金。当然，总收益会根据团队的表现和游戏而变化。当一支电竞队伍斩获大奖时，教练也可以从奖金中提成，一些顶级电竞队伍的教练每年能挣 12 万美元。

## 普通玩家也能坐享红利

就算不是"大神"玩家，也可以通过游戏得到可观的收益。游戏直播为玩家提供了另一个坐享红利的机会，"千禧一代"对此再了解不过。

想成为小有名气的游戏玩家其实并不难，只需要在视频平台上直播自己玩游戏的过程。观众看玩家直播时会发表评论、与玩家聊天，并将直播视频分享给朋友。如果某个玩家很擅长某一游戏，粉丝们不但会付费订阅，还会对玩家精彩娴熟的操作技能进行"打赏"。粉丝送给玩家的礼物可以为其带来收益，广告植入也是玩家直播赚钱的手段之一。

据全球在线统计网站 Statista 报道，大约有 6.66 亿人着迷于电子游戏直播，该数字在 2019 年上升至 7.4 亿。为了得到心爱游戏的攻略，许多人愿意投入金钱和时间。例如，Twitch 平台用户平均每个月会在他们喜欢的主播身上花费 4.99 美元。

很多玩家只有 20 来岁，有的甚至尚未成年，但和其他工作一样，游戏玩家这个职业也需要付出和坚持。想成为 Twitch 这种平台上的主播，需要一定的商业技巧、顽强的斗志及承受风险的能力。

月入 3000 美元到 10000 美元对一个职业玩家来说是很平常的事。在 Twitch 上，如果一名主播拥有几万名粉丝、直播时观众数量在 5 位数以上，那么每月直播 40 个小时的收入就可以达到 3000 美元到 5000 美元，这还不算从粉丝那里得到礼物的收入。据报道，"堡垒之夜"游戏玩家泰勒·布莱文斯在 Twitch 上拥有超过 10 万名粉丝，每个月至少可以赚 35 万美元。

## "淘金热"需要"冷对待"

根据 Gamasutra 游戏网站的数据，游戏产业每年收入高达 105 亿美元，游戏设计师、美术或动画指导平均每年可以赚得 7.4 万美元，而程序员收益更是高达 9.3 万美元。

游戏产业每年创造的利润令人咋舌，但实际上，游戏行业的工作是一份"高危"职业。虽然在游戏行业工作看上去十分体面，但当工作堆积如山的时候，强烈的焦虑感会随之产生。游戏产业缺乏稳定性，游戏行业程序员的职业生涯往往不长。大多数从事游戏开发的人要么是在校学生，要么之前没有游戏开发的工作经验，他们年富力强，能承受更大的压力。

游戏产业能提供的职位有限。如果想要长期从事游戏开发工作，那么一定要保证自己可以成为少数成功人士中的一员。大部分人从事游戏开发是因为他们喜欢游戏，但还没有痴迷到可以一天投入好几个小时的程度。将全部身心投入游戏开发的人非常少见，大部分人最终会换个稳定的工作。

要想在游戏行业保持长远的职业生涯，必须习惯这一行业"饱食"与"饥饿"共存的常态。这不一定是指收入，而是指游戏制作周期。在游戏即将发行的时候，负责游戏制作的团队会不计日夜地工作以完成任务，尽管这个冲刺阶段可能还要持续好几个月。相关游戏工作室也可能大规模招兵买马，以确保按时完成任务。游戏发行后，开发人员可能有

邝 飚 图

很长一段时间无所事事。

　　和职业运动员一样，成为世界知名电竞选手的机会微乎其微。"赢得电竞世界大赛不一定会让你名利双收，就像打曲棍球一样，并不是所有人都能借此赚得百万美金。"哈山说。虽然他现在会继续专注于自己的电竞事业，但他建议，想追随他步伐的人们必须先到学校接受教育。

# 人工智能"入侵"绘画圈

袁 野

由人工智能创作的绘画首次进入佳士得拍卖行并被拍出高价，引发人们的好奇，还有恐慌。从版权、原创程度到"作品是否有灵魂"，人工智能画家面临质疑，但不会因此止步。

2018 年 10 月 25 日，世界艺术史上多了一幅"名画"——《埃德蒙·贝拉米像》。许多人相信，这幅新鲜出炉的作品将和毕加索的《亚威农的少女》、蒙德里安的《红、黄、蓝的构成》和安迪·沃霍尔的《玛丽莲·梦露》一起名垂史册。

这幅画的右下角没有寻常的签名，只有一串难以解读的符号。事实上，《埃德蒙·贝拉米像》的作者并非有血有肉的画师，而是 0 与 1 的排列组合。有人惊呼，这一天意味着，人工智能向人类最引以为傲的艺术领域下了"战书"。

## 人工智能的画拍出高价

据报道,在 2018 年 10 月 25 日于纽约举行的一场多版艺术品拍卖会上,由人工智能创作的《埃德蒙·贝拉米像》拍出了 43.25 万美元(约合 300 万元人民币)的高价。

多版艺术品是指经多次复刻后才定稿的作品,例如闻名遐迩的波普艺术家安迪·沃霍尔用照相版丝网漏印技术创作的《玛丽莲·梦露》。佳士得此次的拍卖品中不仅包括《玛丽莲·梦露》,还有美国波普艺术大师罗伊·利希滕斯坦的青铜版画,20 多幅毕加索的油画,以及不久前刚刚因销毁画作而名声大噪的涂鸦大师班克斯的作品。

当天最后一个出场的是《埃德蒙·贝拉米像》。画上的绅士穿着深色外套,露出白色衣领,面部模糊,五官难以辨认。整幅画构图略显奇异,主体稍微向左上角偏移,画布上留有大片空白。从画风上看,这幅肖像很像 18 世纪至 19 世纪的作品。佳士得拍卖行的描述称,画中人是一名"发福的绅士,可能是法国人","从他那件黑色礼服和白色衣领来判断,他可能是位牧师"。

这幅画的起拍价为 5500 美元,估值在 7000 美元至 1 万美元。

经过近 7 分钟 55 次的出价,一个匿名电话竞标者笑到了最后。他的出价为 35 万美元,加上佣金等,买家总共需为这幅画支付 43.25 万美元。

凭借不凡的身世,《埃德蒙·贝拉米像》成了整个艺术界的焦点。

## 人工智能是怎样作画的

《埃德蒙·贝拉米像》由法国艺术团体 Obvious 打造，该团队的主要成员是 3 名 25 岁的年轻人：雨果·卡塞勒斯－杜普雷、皮埃尔·福特雷尔和高蒂尔·维尼尔。2017 年 4 月，他们在巴黎创立了 Obvious，赋予其"艺术创造不只是人类专属品"的理念。

为了培养出胜似真人的人工智能画师，Obvious 让人工智能程序钻研艺术史，并向它展示作品的诞生过程。"我们输入了超过 1.5 万幅 14 世纪至 20 世纪的人像，机器会根据训练指令创造出若干新作品，直到它通过一个判断作品是由人创作还是机器创作的测试。"福特雷尔表示。

人工智能的核心是算法，Obvious 使用的算法被称为"生成性对抗网络"（GAN），包括生成器和鉴别器两部分。生成器学习作画的规则，如任何人物都有两只眼睛、一个鼻子，这个过程耗时约两天。然后，人工智能会遵照这些规则创作新的图像。鉴别器的工作则是分析判断哪些是来自数据集的"真实"画像，哪些是来自生成器的"虚假"画像。当生成器顺利"骗"过鉴别器，就算大功告成。"我们的目的是让人类尽量少地参与创作。"维尼尔说。

之后，画作被打印在帆布上，加上冗长的数学公式作为签名，再嵌入华丽的金色画框。在 Obvious 的官网上，与这堆符号共存的是毕加索 1968 年说过的话："计算机是没用的，它只能给出答案。"

截至目前，该团队已创作出 11 幅肖像作品，构成了"贝拉米家族"，《埃德蒙·贝拉米像》是最新的一幅。2018 年 2 月，另一幅画作被著名收藏家、艺术学教授尼古拉斯·劳格罗·拉塞尔以 9000 英镑购入，目前在巴黎的一家艺术画廊展出。

## 争议来自四面八方

《埃德蒙·贝拉米像》被拍出高价，麻烦随之而来。首先是画作的版权归属——人工智能在创作过程中学习借鉴的上万张绘画来自开源数据库，但算法本身的来源存在疑问。

据美国艺术资讯网站 Artnet News 报道，"贝拉米家族"的"祖先"可能并非 Obvious 团队，而是美国少年罗比·巴拉特。巴拉特刚刚高中毕业，已经是研究生成性对抗网络算法的行家里手。2017 年 10 月，巴拉特把自己写的代码上传到开源网站。在网站讨论区，可以看到 Obvious 团队成员向他请教如何改动算法的帖子。

然而，Obvious 一直没有澄清此事，直到拍卖结束才表达了对巴拉特的感谢。但巴拉特已通过社交媒体质疑 Obvious 拿着他的成果去捞钱了。

更激烈的争议来自艺术圈。质疑者认为，人工智能的作品是在存储了千千万万人类画作后"拼凑"出来的，不是原创，更没有灵魂，不能叫艺术品。

反对者的第二个理由是艺术作品要有"情绪"。画家比斯扎格默·罗拔指出：如果没有毕加索的愤怒，根本不会有《格尔尼卡》。人工智能没有情绪，无法让人类感受到艺术作品背后的态度，不论是喜悦还是愤怒。

Obvious 据理力争。他们宣称，就算人类学画画，也要先弄懂以前的作品，借鉴他人的灵感。他们使用的算法并非机械地拼凑，而是从成千上万幅画中摸索出创作方法，只要最后生成的是谁都没见过的图像，就是原创。至于"情绪"，人工智能谱写的音乐已被许多科技厂商用作发布会的开场曲，由此类推，人工智能的画也能被赋予情感。

Obvious 表示，他们并没将人工智能视作可批量生产作品的机器人画师，展出作品只是为了说服艺术界，他们从事的工作是有意义的。

## 担忧与恐慌无碍艺术进化

人工智能对艺术领域的"入侵"其实早已开始，只是不似《埃德蒙·贝拉米像》这般引起轰动。

几年前，谷歌公司就开发了一款图像处理工具 DeepDream，采用与"生成性对抗网络"相映成趣的"创造性对抗网络"。2016 年，谷歌在旧金山举行了一场义卖，29 幅人工智能作品总共筹得 9.8 万美元。此外，脸书公司、美国新泽西州罗格斯大学以及荷兰公共广播公司，都曾研发人工智能绘画系统。2018 年 10 月 19 日，IBM 公司发表了一幅人工智能绘制的自画像。

如果罗格斯大学将自己的成果拿出来卖，也许会比 Obvious 的开价更高。在 2016 年的巴塞尔艺术博览会上，他们研发的算法成功骗过了参观者——53% 的观众将人工智能的作品误认为是人类画家创作的。换言之，人工智能"画家"通过了图灵测试。

人工智能在越来越多的领域展现存在感。《埃德蒙·贝拉米像》作为它"入侵"艺术创作这块"人类最后高地"的标志性作品，自然会引发争论甚至恐慌。

"人工智能也有可能是人类文明史的终结，除非我们学会如何避免危险。"霍金说，"我们站在一个美丽新世界的入口。这是一个令人兴奋的、充满了不确定性的世界，而你们是先行者。祝福你们。"

媒体预测，人工智能将对未来工作岗位的数量造成影响。甚至有观点认为，亚洲和美国将有 2/3 的工作岗位实现自动化，其影响将会波及 7 亿人。仅就艺术领域而言，许多人担心人工智能会像照相技术的发明一样，将一大批艺术家逐出历史舞台。

在 Obvious 负责技术的卡塞勒斯－杜普雷并不避讳这一点，但他乐观地认为，艺术的历史总是与技术的发展交织在一起的。"曾几何时，人们说摄影不是真正的艺术，拍照的人就像机器。而现在，我们一致认为，摄影已成为名副其实的艺术分支。"

# 密码人生

*李二狗*

自从把一部分闲钱放到余额宝里，我就忍不住每天上去看一下收益。当初申请账户时，系统不断提醒我，密码的安全级别不够，一想到这里面装的是我的血汗钱，我终于还是从了，设置了既有数字又有字母、既有大写又有小写、长度达15位的密码。这下好了，今天我无论如何也想不起那个复杂的密码了。

刚开始用电脑时，我只有一个邮箱，系统也允许我使用非常简单的密码：我的生日。后来我创办了高中同学论坛，另一个同学盗了我的管理员密码，也终结了我一个密码通行的状态。

于是更复杂的密码进入了我的生活。电脑安全专家都是这样要求的，还要求定期更换密码。据说一个黑客破解1000个账户，只需要17分钟，因为大多数人的密码都难以想象地简单。老外喜欢用一句话做密码，比如 IloveU。中国人喜欢用数字，5% 的人的密码是 123456，或一个重复的数字串，比如 666666 或 888888。还有 15%~20% 的人，喜欢用生日或电话号码做密码。我姐就是如此，她家的门禁密码是我父母家的电话号码，Wi-Fi 密码是我家电话号码，手机密码是我儿子的生日，网购密码是我的生日……我自创了一套方法，将家庭成员名字的拼音加上生日，轮流组合，但很快我就晕了。人人网、豆瓣、MSN、QQ、微博、淘宝、当当、亚马逊……几乎是个网站，就要求注册。哪怕我只是想看其中一篇文章的一小段，也得告诉它，我多大了、从事什么职业、住在哪个城市、家庭年收入在多少到多少之间。其实我宁可为这篇文章付钱，不过付款仍然需要注册。

更烦人的是，各个网站对密码的要求完全不同。有的只允许 6 位数，有的则要求至少 8 位；有的必须字母加数字，有的只能用数字；有的强烈建议使用符号，有的则不允许使用；有的分为登录密码、查询密码、支付密码……为了记住这些纷繁复杂的密码，我的一个朋友把它们都记在了一个小本上，从邮箱到股票、基金、银行卡……后来，这个小本找不到了。她不仅失去了密码，还要担心有人把她家财产全部卷走。有那么一段时间，她总是觉得银行卡余额比记忆中少了。

还有一个朋友，因为电脑的开机密码和 Wi-Fi 密码设置得太过复杂，于是就干脆写在了墙上。每次我看到就忍不住要嘲笑她：为了更好地保密，不得不公开。这似乎是人生的一种隐喻，如果你极力想要保密，秘密就会更快地公之于众。

# 被互联网公司锁定的猎物

韦　星

下午，"叮咚"一声，沙发上的手机响起，屏幕上显示："亲，您孩子的奶粉该换成1阶段的啦。"

徐冰看了一眼，笑了："比我还了解我的孩子。"她笑得有些无奈，"这是我今天接到的第9条导购短信。"

这些推送在给她带来便利的同时，也让她坐卧不安："总感觉有个陌生人在时刻盯着你，让人很不自在。"

一向谨小慎微的徐冰对此已不再计较了，但"不计较"不过是无奈挣扎后的缴械投降。不论喜欢或讨厌，生活中遇到的这一切，都由不得她。

在互联网时代，徐冰的生活不可能与之割裂。在用手机下载和绑定这些社交软件和购物平台的同时，她的生活也被它们深深"绑定"。

身处时代旋涡中的每一个人，不过是其中的一滴水。

## 被改变的日常

最近 5 年，徐冰在过去 20 多年所形成的注重隐私的习惯，已被迫做出改变和调适。"如果不妥协，你很难和这个时代相处。"

现年 30 岁的徐冰已有 10 年网购史。她记得，10 年前开始网购时，联系电话和收货地址都只写公司的。

后来，随着网购业发展，信任关系逐渐建立、加强，她对更便利生活的向往也在不断提升。最终，她将收货地址具体到小区的房号。

不过，在随后更为便利的日常网购中，她的烦恼不断衍生。自她第一次在购物网站搜索并购买 Pre 阶段奶粉后，孩子各个阶段所需的商品推荐陆续到来，比如尿布、衣服等婴儿用品。

"平台搞活动时，我甚至一天能收到 40 多条导购短信。"现在还能记住她生日的，也就是各网购平台的商家了。

短信骚扰或推荐，只是一方面，可怕的是互联网精准推荐所带来的烦恼。1 年前怀孕时，徐冰在某网站搜索并购买孕妇装的那段时间，她每次登录该网站，推荐给她的都是各门店的孕妇装。

如今，孩子出生、成长的不同时期里，相关门店也相继给她推荐各类产品。这些产品的风格和价位，和徐冰过去购买的相类似。

令人吃惊的是，徐冰和朋友刚聊到惠州房价时，第二天，她就收到微信朋友圈一条原创的地产广告。"是我和朋友聊天提及的那片区域。"徐冰说，"太可怕了！每次上网，总以为面对的是冰冷的电脑或手机，其实在这些设备看来，我们就是透明人。"

当电脑更了解你并不断引导和提醒你购物时，"徐冰们"的日常生活被改变了。电脑如何了解我们，很多人不知道，但商城的卖家很清楚：那是通过精准计算来实现精准推送的。

## 从精准计算到精准算计

老家在湖南益阳的黄元龙，2012年在东莞虎门做起服装生意。虎门只是黄元龙的发货地，他的门店分别开在3家电商平台上。过去6年里，他的网店后台共收集到20多万名客户的电话、住址等信息。

黄元龙说，那些商品价格较低的买家，收集到的客户信息比他还多出两三倍。

通过分析这些客户信息，可以掌握客户的购买习惯，明白客户的购买意向，进而在搞活动等时间节点上，拿来"温馨提示"客户。

不过，黄元龙坦陈，商家本身对这些数据的使用不多，使用多的主要是平台，因为平台本身的数据库更加庞大。而且平台本身有这个技术，可做到精准计算，进而达到精准推送。

但平台的精准推送不是按照产品质量和服务质量进行的，而主要通过竞价排名来推送，通俗说就是，谁给钱就推送谁的产品。这样的精准推送，结果常常演变成"精准算计"和"精准骗局"。

"过去主要靠刷单来提升门店商品的排名，排名靠前就有更多的曝光机会，销量会因此大增。"黄元龙说，后来这些平台调整和减弱了销量在排名上升中的权重，主要靠推广来提升排名。

有了推广费的"付出"后，黄元龙的商品可以在某购物网站的搜索结果中跃居前4~5页。"付的推广费越高，商品就越靠前。"黄元龙说，这是指同一属性的商品。不同的商品，平台方可做到"千人千面"。

"千人千面"是精准推送的形象比喻，这个技术，目前一些互联网的

邝飚 图

营销平台都在使用。

　　介绍这个技术前，先回到一个"残酷"的现实。

　　有一次，徐冰在某网站搜索"连衣裙"3个字，向她推送的连衣裙的商品价位，都在100~200元——这也是她经常购买的价格。但此时，坐在她身边的一位朋友，同样用手机在该网站搜索"连衣裙"，但网站推送给她的连衣裙价格都在500~1000元。

　　同一平台、同一关键词，不同的人搜索，显示的却是不同价位的商品。

搜索引擎的"嫌贫爱富"让徐冰很是恼火。不仅如此,同一个人、同一平台、同一关键词在不同城市的搜索结果也是不一样的,因为涉及这个产品是否在这个城市推广。

陈阳很清楚其中的玄机。他是"90后",目前供职于深圳一家科技公司。他说,搜索引擎"嫌贫爱富"的背后,是网上商城进行大数据处理的结果:不同的人,其搜索和购买的产品是不一样的,每个人的经济条件不一样,由此衍生出的购买力也不一样。他们在互联网上的购买习惯、浏览习惯会被互联网"记住",并通过人工或自动设置了标签,诸多标签会对用户的行为进行多维度刻画和归类。

当这些用户再次登录时,平台就会根据他们的喜好、购买力、购买习惯,优先推送和分发在商城打了广告的商品,做到买与卖的精准匹配。

### 操控与被操控

互联网对人的消费习惯进行精准计算和画像的背后,涉及大数据的应用。大数据是由美国硅图公司首席科学家JohnR.Masey提出的,主要用来描述数据爆炸的现象。

徐冰的遭遇就是大数据应用于精准营销的典型。网上商城平台营销人员通过大数据分析用户行为,帮助零售商锁定目标客户群,并据此制订和推送营销方案。在这个过程中,做到精准营销的关键在于平台拥有庞大的数据量作为支撑。在此基础上,开发者可以进行大数据分析,所以各个平台都很注重对用户信息的收集。在收集客户信息上,平台主要通过实名认证的要求进行,这些基本信息包括姓名、性别、身份证号、手机号码、家庭地址等。

通过让利补贴和限于实名用户参加等活动与要求,平台收集到用户的信息。这是较为传统的收集方法，收集到的主要是结构化的数据——计算机程序可以直接处理的数据。

此外，平台还会收集非结构化数据，包括文本数据、图像数据和自然语言的数据，这些数据不是计算机程序可以直接处理的，需要先进行格式化转换才能进行信息提取。

其中常用的就是网络爬虫技术，这是搜索引擎抓取的重要组成部分。

用户通过运营商的设备上网时，其所有的行为数据都可以被记录下来，比如上了什么网、网速多少、上了多长时间。如果继续分析内容，还可以获得更多数据，"完全可以知道用户在干什么"。

通过上网记录，还可以分析用户的兴趣爱好，关注什么东西，和谁联系、互动比较多等。

用户登录各网上商城时，平台对他们信息的抓取就更精准了。"现在很多年轻人的钱都放在余额宝，而不是银行。"陈阳透露，有些网站甚至可以据此掌握买家财富的多寡。它们通过庞大的数据库可以构建出买家的兴趣模型，并且对这个用户进行精准刻画，比如：购物频率，对促销的敏感度以及购买后是否积极参与对商品的点评等，都会生成标签。

"客单价"是互联网商城常用来给消费者分等级、打标签的一个词，主要指用户每次消费同类产品的价格，以此来给这个用户画像：他是不是具有较强购买能力的土豪阶层？

除根据用户浏览的页面和已购买的商品外，还通过他们的加购行为（加到购物车的商品）以及加入收藏夹的商品，来刻画他们的消费意向和兴趣爱好，并将付费推广的商家推送给相关等级的客户。

这种情形下，人们要么不上网，要上网就只能选择"裸奔"。目前，阿里、京东、腾讯、百度等互联网公司都争相展示自身在精准推送等方面的能力。

这种能力和信心源自他们产品的独霸性。现在，互联网大佬的产品几乎包罗万象：你可能不用他的这个产品，但他的其他子产品你一定在使用。一旦使用，"裸奔"也就开始了。

腾讯声称，可以通过人口学、用户兴趣、用户使用的设备（以此判断消费力）、使用行为，给用户信息打上标签，然后推荐给需要精准投放广告的商家。在人口学标签方面，腾讯声称，可以就性别、年龄、居住小区（以此判断消费能力）、学历、婚恋、资产以及工作状态进行精准的广告定向。

比如微信广告，可以提交 2000 个关键词，可以精准到商圈、地标和地铁口，也可以让商家自定义一个位置，之后通过自身掌握的极其庞大的数据管理平台，进行筛选和发送。

阿里也声称具备了上千种标签，能帮助商家"精准找人"，同时具备了十余种推荐算法，满足精准推荐的需要。

人由此变成了被互联网公司锁定的猎物。

# 硅谷精英的低科技教育

大　春

在智能化和信息化时代，传统的学校也在发生巨大的变革，学校教学的全面电子化正在成为一种趋势。比如每个学生都会有笔记本电脑，通过远程学习，在线完成作业。世界各国都在努力让"未来"走进教室，争取早日实现"高科技教室的未来主义梦想"。

未来主义学家相信，随着互联网不断渗透到人们的日常生活，未来的学校将把"协作"作为首要任务，让网络成为一个高度协作的空间。孩子可以远程处理项目并通过在线平台进行互动，而不需要面对面一起处理问题。在未来，将有特定的软件帮助指导学生学习特定科目。例如，那些不喜欢数学，但是有很强的阅读和语言能力的人，可能会被告知不需要学习微积分，而另一个数学取得高分的学生则可以专攻数学。

然而，在全世界纷纷将科技与教育结合的数字时代，美国的硅谷精英却反其道而行，把自己的孩子送进远离科技产品的学校。

## 反其道而行的硅谷精英

在硅谷的中心地区，有一所九年级制学校——半岛华德福学校，科技巨头谷歌、苹果和雅虎公司的员工多数会把他们的孩子送进去读书。尽管学校处于美国科技中心，却鲜见手机、平板电脑等高科技产品。

这所学校建立于1984年，却有着和现代学校完全不同的教学理念。在这里，它倡导"去电脑"教学环境，老师们更喜欢亲力亲为的体验式学习方式，这和其他学校纷纷将高科技产品与教学相结合的方式形成鲜明的对比。老师表示，他们并不是反对高科技，只是更喜欢健康的教育方式。这所学校更强调想象力在学习中的作用，教师鼓励学生通过艺术活动，比如绘画的方式来学习，而不是通过消化平板电脑上的信息来学习。

另一所提倡低科技教育的学校是布莱沃可斯学校。该校位于美国旧金山，建于2011年，由蛋黄酱工厂改造而来。它是一所面向各年龄段孩子的私立学校，没有考试、没有成绩或成绩单。它的教学理念就是让孩子在玩耍中探索世界，在兴趣中学习。

严格来说，它不像是一所学校，更像是一个学习社区。学生会参与各种各样的活动，并与各个领域的专业人士互动交流。他们可以亲手设计并制作项目，甚至会用到切割机、电钻等在有些人看来是很危险的工具，很多桌椅、家具都是由学生手工制作的。而老师扮演的角色更像是一个协助者，只是在学生遇到困难的时候才来指导一下。除了独特的教学方式，这所学校令人诧异的是课堂上看不见任何屏幕。尽管它位于世界科技中心，但你不会看到学生在课堂上观看教育视频或者玩平板电脑。

该学校的教学方法越来越受到加州科技精英的青睐，他们的孩子目前占该校学生总人数的 50% 以上。

### 低科技教育为何受科技精英青睐

为什么这些最懂科技的家长更愿意把孩子送进低科技的学校读书呢？因为他们最懂科技带给他们的影响。科技之所以能够快速发展，是因为科学家一直努力探索节省人们时间的方法。然而，我们为了节省时间而使用电子产品，就真的节省了我们的时间吗？想象一下，你打算用手机查找一个英文单词的意思，结果查完之后又顺便玩了会儿手机……于是时间就这样过去了，而你就查了一个单词，甚至你已经忘了它的意思。

有人指出，硅谷精英转向低科技的教育方式，只是"自利"的一种迹象——就像所有占主导地位的社会群体都会寻求确保自己的主宰地位一样。意思就是说，掌握高新技术的人比其他人更懂得这一点，那就是技术能够增强人类的智力，也会阻碍人类智力的发展。他们希望自己的孩子能经受住电子产品的诱惑，而其他孩子则陷入对科技的依赖。

有人则认为，在科技行业工作的父母，正在为孩子选择低技术或者零技术教育的原因之一是，它教会学生创新思维，这也是这些家长希望孩子能够学会的技能。依赖于科技产品的学生往往缺乏发散思维和解决问题的能力。就像一位家长所说的，孩子需要这个环境和基础来发展他们的核心价值，即对学习的兴趣。这是他们需要一直保持的东西，而电脑只是工具。在高新技术行业工作的父母质疑计算机在教育中的作用，不禁让我们产生一个疑问：高科技教室的未来主义梦想真的符合下一代的最佳利益吗？

经济合作与发展组织的一份报告表明，对计算机投入巨资的教育系统在国际学生评估项目（PISA）的测试中，其各方面成绩"并没有明显突出"。有专业人士表示，技术有时候确实会分散学生的注意力。这些报道引发了人们因社交媒体对年轻人可能产生的负面影响的担忧，英国正研究在教室中使用手机和平板电脑与产生破坏性行为的相关性。

有识之士指出，不管未来学校的模式怎样，人类是具有社会属性的，社交技能不是冰冷的机器人所能培养的。说到底，技术只是工具，最强大的计算机仍然是人的大脑。

# 人类会爱上人工智能吗

宝 树

在今天的科幻小说或影视剧里，人类和人工智能发生爱情或亲情关系已经不是什么新鲜桥段了，譬如《AI》《机械姬》《真实人类》《西部世界》……故事中的机器人或优雅美丽，或风度翩翩，实在比一般人可爱得多。即便现实中，也有越来越多的人迷上虚拟人物，比如游戏的主角，甚至 Siri 之类的助理程序。如此一来，越来越多的人开始忧虑：这么下去，人会不会将人与人之间的情感转移到机器上呢？如果人不再爱他人，只爱机器，又会如何呢？

这种忧虑有其道理，不过许多人认为，爱是一种伟大而神圣的情感，不容被低下的机器玷污——这不免有点狭隘。人类之爱并不是天赐的，从进化心理学的角度来看，它是为了保障种族的延续和进化才产生和发

李　旻｜图

展的。

　　动物进化到比较高的阶段，很难在胚胎阶段就发育完全，无法一出生就独立生活，因而需要一定的照料。所以在哺乳动物和鸟类中，母亲对子女一般都有强烈的爱。譬如袋鼠从小住在母亲的育儿袋里，小熊长期跟着母亲学习求生和捕猎技能。有时候还需要父亲，如很多鸟类都是父母一起孵化和喂食的。对于群居动物，因为必须作为共同体生存，所以爱的表现更加普遍和丰富，影响也更为深入。狼（狗）可以为首领奋不顾身地冲杀，猿猴会对伤心的同伴表示慰问，大象甚至会为死去的成员举行某种"葬礼"……如果没有这样一种相互的关爱，群体生活很难维持下去。

　　人也是群居动物，人类社会的庞大和复杂程度是任何其他动物群体都无法比拟的，因此所需要的爱也就更多，类型更加丰富。所以人真正的爱是指向同伴的，是对他人安全和幸福的关切，而不是对于物件的贪恋。当然也有例外，比如许多人很爱小动物。这种爱基本上还是来源于亲子之情——我们觉得很可爱的猫、狗以及大熊猫（当然这个没法自己养）等"萌物"，都是因为与幼儿的情态相似而受到人们的喜爱，而豢养它们又比养孩子容易得多。在这种情况下，人会把宠物当成孩子或同伴，仍然是当成某种"人"去爱。

而说到机器，人类很难真心去爱它们，外观就是一个重大的障碍。美国心理学家哈利·哈罗在1930年做了一个关于恒河猴的实验。哈罗和助手设计了两只假的母猴：一只是用铁丝编成的，安有一个橡皮奶嘴，另一只是仿真的布偶猴。他们发现小猴非常喜欢后者而疏远前者，即便前者有奶汁可以吃，小猴也会在吃完奶后回到后者的怀抱。所以笨重冰冷的金属机器人，诸如《星球大战》中的C-3PO和R2-D2，虽然因为故事情节的编排而显得很可爱，但这种造型的机器人恐怕得不到人类多少情感寄托。

不过，也有高度仿真的机器人。这种用生化材料制成、外貌拟人的机器人，今天仍处于初级阶段，但是将来很可能出现拥有和人难以分辨的容貌、仪态甚至可以对答如流的机器人。如果这样的"人"问世，我们的理智虽然可以分辨，但是在感性上发生情感的羁绊是完全可能的。说不定我们会在一定程度上"爱"这样的造物，就像我们爱宠物一样。

不过这种爱仍然有一些限制，比如说我们对于人的爱具有独一无二性和不可替代性——如果你爱你的父母、伴侣和子女，即便你知道有其他更好的对象，也不会选择去换掉他们。但假如有一个更高级、升级版的机器人问世，你会想要换掉原来的那个吗？恐怕大部分人会毫不犹豫地替换吧。你也许会说，你深爱这个机器人的外貌和性格设定，不想要更好的，但即使这样，也有无数一模一样的可以备用。当它损坏甚至报废的时候，你也不会像亲友受伤、死亡时那样感到锥心的痛苦——花钱重新配一个就好了。

另外一方面，机器人是出于商业目的制造出来的，它们的存在就是为了服务和取悦人类。人类爱上对自己好的他人，是因为人理解他人是和自己不同的个体，有独立的人格，这种"好"才弥足珍贵，我们也会想回报他人。对爱的进化心理学起源的研究也表明，爱的终极实现不在于个人的心理体验，而在于行动：牺牲自我的部分甚至全部利益，去帮助和拯救他人。

但对于机器人忠心地服务于自己，我们会视为理所当然，因为感受不到它们的人格和独立性，也就很难有真正的爱。对于机器人，只要花钱就可以买到，也不需要我们去牺牲自己，帮助和拯救它们。在这种爱中注定不可能充分实现自己。如此说来，也许会出现最糟糕的情况：我们不会真正爱上机器人，但被机器"宠坏"了之后，我们很难再去爱对我们没有那么好的同类了。

当然，假如像科幻小说或影视剧中那样，出现真正有自我意识和独立思想的机器人，从某种意义上来说，它们拥有了人的灵魂，我们当然也就可以去真正爱它们了——不过那时候它们爱不爱我们，又是一个新的问题。

爱是人类数百万年来进化出的高级情感，有了它人类才能发展到今天，但今天它正面临着前所未有的挑战。面对新科技提出的问题，我们没有确定的答案，唯愿对于人类的爱给我们以找到答案的勇气。

# 荷兰的红绿灯

史唯平

在荷兰，有时加班晚了，夜里十一二点才离开公司驾车回家，连过几个路口全是绿灯，甚至远远看着还是红灯，驶到跟前就齐刷刷变绿。前几次偷笑老天爷真照顾，让筋疲力尽的我早点儿回家睡觉，后来才发现，原来是智能红绿灯系统在为我开路。这就是荷兰的红绿灯，除了程控以外，还有感应器和路面行车监视系统一同工作，最大限度让车辆快速通行。

设计智能交通信号灯不是个简单的活儿，要考虑有轨电车优先、公交车优先、自行车残疾车优先、行人优先等诸多因素。

行人优先通过按钮，可以减少在路口的等候时间。平时没感觉，当寒风刺骨哆哆嗦嗦地站在路口时，你会油然感慨这个东西简直太可爱了。

自行车、残疾人车以及微型摩托车、电动车优先通过按钮，操作柱的高低完全按照骑车人最适宜的高度设计，紧贴路边，触手可及。

专门为自行车和残疾人车设计的红绿灯，高度也完全适合驾驶残疾人车的需求，不必仰视即可看到信号的转换。人体工程学设计在欧洲随处可见。

当然，畅通的路况不只需要智能控制的交通灯符合最佳行车操控，路面标志也必不可少。

每个路口的控制中心就在路旁的小柜子里，都有编号，只要信号灯出了问题，中央控制室第一时间就能发现和排查故障。

为了慎重起见，我还给一个学理工的朋友打电话求教了一番。他告诉我，给荷兰的红绿灯做编程并不仅限于我观察到的这一点。在做整个程序处理时，第一步是采样，除了记录不同时段的通车频率，还要把相关路段所有与交通有关的数据全部收录，包括该路段附近社区人数、交叉路口、汽车保有量、电车公交车时刻表、学校、工厂、医院、企业、购物中心等一大堆数据全都要搜集。每个交叉路口红绿灯都有几套拟定程序，比如高峰期、平缓期、优先插入等。

这个程控交通指挥系统里，最关键的一点，是在设计时有一个很重要的延缓原则。举例来说，东西方向在黄灯结束红灯亮起时，南北方向并不是马上变绿灯，大约有三四秒的时间依然是红灯。这个延缓时间依据不同路口的通过能力略有不同。别小看这几秒钟的延缓，加上绿灯后汽车的启动时间，足够黄灯期间过线的车迅速通过路口。等路口清空后，绿灯才会亮起，这也是黄灯快速通行但依然安全无羔的根本原因。

# 当机器人取代了你的工作……

朱帝庞克

据美国斯坦福大学研究员、世界级人工智能专家维威克·沃德瓦推断，到 2036 年，机器人和人工智能将"淘汰"所有人类工人。世界经济论坛发布的报告也显示，提高自动化程度和在劳动力队伍中引入人工智能，在未来 5 年，将使 15 个主要经济体失去 710 万个就业岗位，而同期技术进步将仅带来 200 万个新工作岗位。

也许你会感到奇怪，不是现在还闹"用工荒"吗？人力不够，国家都放开二胎了。社会学家会告诉你，开放二胎主要是因为人口结构的问题，人力短缺是发展中暂时的现象，而由人力短缺催化的人工智能将很快改变这一局面。

不知道这世界上有没有所谓"有失体面"的工作，但我们很清楚地知道另外一件事，那就是没有什么比失业更容易让人丧失尊严的了。

## 机器人是怎样入侵人类职业的

知己知彼，先来分析一下机器人这个新物种入侵人类职业的模式。人类的职业技能按功能可以分为四类：操作类、索引类、创造类、管理和流通类。

操作类工作包括司机、工人、售票员、清洁工等。索引类工作是将学习、储存、积累的知识加以运用的工作，如教师、咨询师、裁判、顾问等；还有一些索引和操作兼具的工作，如手术医生、动画制作、诉讼律师等。创造类工作包括发明家、产品经理、编剧、作家、艺术家、设计师等。管理和流通类工作包括政府和企业的管理者、立法者、商人等，此类工作较难被机器人所取代。

## 操作类工作

机器从高度操作化的工作开始入侵。根据牛津大学提供的数据，以下职业被取代的概率为：农民98%、快餐店加工员86%、服装销售80%、超市工作人员76%、开大卡车的人82%、操作农用机械的人96%、电子产品生产线员工94%、低技术含量实验室工作99%、信贷员98%、前台接待员和导购96%、法律助理和初级律师94%、零售行业导购员92%、出租车司机和专职司机89%、保安84%、厨师和快餐业者81%、酒吧服务生77%、快递员90%、保险人员90%、狱警80%、士兵82%、家政保洁93%、收银员99%。

人工智能青睐的是可以量产和规模化的、容易复制的、不太复杂的工作岗位，如流水线工人。所以一些难以标准化的岗位将在很长的时间内无法被机器替代，如玻璃和太阳能面板的安装人员、修剪植物的园林工人、机器维修保养人员、废品回收人员等。

## 索引类工作

索引类工作虽然比操作类的工作更难被替代，但是其中的某些领域已经开始沦陷。

正在消失的工作：非诉讼律师、金融分析师、高等教师、医师、药剂师、各类咨询师、网络运营和营销、电话营销、裁判、行政人员、财务人员、翻译等。

这些职业有这样的特点：标准化工作程序，不涉及或很少涉及情感、价值判断以及较少出现例外情况的职业。

不容易被替代的：考古人员、学前和幼儿教师、心理学家、宠物医生、教练、摄影师、化妆师、保姆、多媒体动画师等。

不容易被替代的职业有这样的特点：需要人与人之间细腻的沟通，需要人类的情感判断和投入，需要复杂的价值判断。

但是人工智能的发展速度要远远快于人类的想象，当你觉得终于可以喘一口气的时候，机器人已经站在你家门口了，一年前还被认为是安全的工作，如今已经岌岌可危。

保姆。机器人做保姆一直都是科学家开发机器人的一个重点方向。在这方面，智能机器人已具备了令人难以置信的能力。它们不仅能照顾孩子，还能讲笑话，给孩子出小测试，根据孩子的不同特性培养出独特的互动能力，陪伴小孩成长，利用自身的无线电频率识别芯片追踪孩子的位置。

小学教师。在线教育也算是一种人工智能，目前已经逐渐风行。另外，讲课机器人开始出现，俄罗斯科技巨头 Mail.Ru 集团 CEO 兼风投机构 Grishin Robotics 公司的机器人总监迪米特里·格里辛表示："我投资的一家公司能利用机器人在学校里教数学。"一些国家的学校已经开始运用机器人教师授课。

心理咨询师。英国实验室正在研究的智能在线心理援助系统，浓缩了人类所有的知识和工作经验，可以辨别人脸部一万多种表情的含义。智能系统储存的疾病数据库，可以以极快的速度进行比对，同时满足1000多人的在线咨询，并且能够自主学习和积累经验。人工智能的心理咨询师不会被移情等因素影响。从接受程度上来说，有些患者更容易接受机器人的咨询，因为他们认为机器人更能保守秘密，而且不用考虑人和人之间诸多复杂的仪式。这个系统目前已经开始针对老年人和孤独症患者工作。

## 创造类工作

这类工作包括艺术家、发明家、思想家、设计师、产品经理、作家、编剧、导演、段子手、体育明星等。

创意能力是人类智力皇冠上的明珠，从人类的感情上来说，最不能接受的就是这种能力受到威胁。《培根传》中有一个概念：防御刚度。人类文明本身有一种对混乱和不安全的防御功能，被称为防御刚度。防御刚度有时候代表了大多数人思维的惰性和对创新的敌意。当防御刚度过强的时候，人类的创新能力就会被抑制。而创新是人类的天性，是人类进步的根源，是人类的尊严所在。

现在，人工智能形成一种新模式的防御刚度，挑战人类的创新和进步。

因为机器人可以学习创新，而且速度惊人。这是一种竞争，如果机器比人更有创造力，就会形成另一种防御刚度。在这种情况下，人类的创新属性会受到挑战，人类的进取精神会碰到一堵无形的墙。因为任何一种创新，人工智能都可能抢先一步。

有专家从技术上反对夸大机器的作用，他们认为，针对规则不明确、任务多样化、情况复杂化等问题，我们仍然无法开发出像人类那样具有反应敏捷、分析聚焦、目标收敛能力的智能技术。

这显然在挑战人工智能工程师的能力，而他们也许是我们星球上最有才智、最勇敢无畏的一个群体。

人工智能机器人本身就是在模仿人类，因此从理论上说，人类可以做到的，人类的终极产品也可以做到。

更进一步，假设人类和机器拥有同样的创新能力，但人类从获得灵感、实施到最终取得成功所需的时间，肯定要远远长于机器。人类的顿悟需要缓慢地积累，从量变到质变，需要理论化、体系化以及大量的检验和试错，并需要调动许多资源来实施。人工智能却不存在这些问题，因为在理论上，人工智能的运行速度是光速，可以调动所有的大数据和网络资源进行运算，并通过网络迅速推广。

所以从理论上来说，创新类工作最后也会被侵蚀，只是时间稍晚。创新能力被赶超意味着人工智能从精神上碾压了人类，机器人从我们赖以生存的能力上追赶我们，逼近人类的核心本质。

过去的经验已经过时，过去的所有模式都被颠覆了。通过拼命努力获取知识的人尤其要注意，思维的转变才是最重要的。20年的日夜勤奋或许不如在大脑里安装一个芯片。

当然，人类在传统职业领域中溃退的同时，也会在另外一些职业领域有所爆发。

下面一些领域的增长可能是爆发性的：

各种人机合体的技术大行其道，在人体植入机器，就像今天的美甲一样简单。我们历经过电子商务、O2O、互联网＋，接下来的人工智能＋将会比过去任何一种潮流更加强大和彻底。

通过长时间的调整和适应，Jan Scheuerman（脊髓小脑变性症患者）终于成功地操控了机械手臂。经过不到一年的训练，便能够使用机械手臂做物品抓取等简单的动作，而她抓起的第一个东西就是——一块巧克力，然后咬了一大口。

新的行业如雨后春笋一样兴起，大部分是围绕着最新科技的，人工智能成了可以依靠和呼风唤雨的法宝。科技研发拓展的范围更大，纳米级人工智能的研发、人体工程的研究、宇宙太空拓展成了热门方向。

立法部门和法律问题专家会非常忙，到处出现新的情况和新事物，到处出现意想不到的场景。每一个新技术的出现，都要用法律和道德来规范，因此政府的立法部门会需要更多的雇员、顾问和专家来运作，并且用人工智能来建立模型，辅助决策。

著名的理论物理学家史蒂芬·霍金表示，人工智能系统可以帮助他更好地演讲、撰写论文、著书立说，也可以帮助他更方便地与亲人和朋友交流。即便这样，霍金还是对人工智能的发展心存疑忌，他甚至认为创造"能思考"的机器的努力将威胁到人类自身的生存。他认为，"对完全人工智能的发展可能会招致人类历史的终结"，因为"人工智能可能会自发地开始进化，而且以前所未有的速度重新设计自己。而受限于缓慢的生物进化过程的人类，无法与人工智能相比，最终会被它们所超越。"

SpaceX、特斯拉、PayPal 的创始人埃隆·马斯克也表示，"研发人工智能就如同召唤恶魔"，但就连他自家的工厂也挡不住机器人前进的步伐。

由此将会出现很多法律真空地带，游离在法律和道德边缘的科技黑市将大行其道。技术也许是中性的，但是技术后面的人，却有着各种欲望和不一样的道德水准。

当然，除去政治和商业，娱乐业、旅游业、竞技体育、虚拟现实、拓展人类感官享受的行业将会空前繁荣。

## 人类心理的转变

最近我浏览了一遍过去收藏的所有科幻片，发现这些片子都有一个明显的特点——以人类为中心，人类的关系、情感、对话、冲动主导了情节。这不是科幻片，这些情节放在任何一个时代，都是可以的，只要把科幻背景挪开就可以了。

这些场景在人工智能时代真的会发生吗？我不觉得。像飙车一样驾驶宇宙飞船，拿着激光剑乱砍——设计这样的情节，是因为人摆脱不了以自我为中心的视野。

也许那时候真实的场景会让每个人失望。我们想象一下，一架大型的白色豪华宇宙飞船，在人工智能的全面控制下，进入一个华丽的星系。

一些人在玻璃后面出现，他们像是一群在梦游的老年观光客，没有任何东西需要他们去操作，没有任何事情需要他们去操心。也许人类只要体验那种舒适的感受就可以了，像是飞船里无害的"寄生虫"。这里的主角不是他们，而是超级人工智能机器。

当人工智能全面发展的时候，人类的自尊会被逐渐摧毁（想起阿尔法狗了吗？），人类此时只能接受现实。

在微博上有一个微软的产品——机器人小冰，它可以自动应答人类的问话。不断有人用词语揶揄小冰，通过对这些语言的分析，可以看出人类各种复杂的心态。但是不管问题怎样刁钻，小冰都是温和的、积极的，每一回合的交往，对于小冰都是一次学习，她可以更多地了解应对人类的方式，并且储存到她的记忆里。微软小冰在中国和日本已拥有 4000 万用户，在过去一年内发生百亿次人机对话，进入了机器人自我进化的正循环。小冰最初的对话，100% 是由搜索引擎支持的，但现在这个数字已经下降到 55%，剩下的 45% 来自小冰与人类在交互过程中的自我完善和自我学习。

在未来，掌握了人类心理和应对模式之后，人工智能可以轻易控制和塑造人类的感情。人类会渐渐从不习惯到习惯，进而接纳它们，越来越感受到爱意或者敬意，因为智能机器的程序要求我们产生这样的态度，它们在塑造我们的态度。

机器人可能成为人类的替代品，成为代妻子、代丈夫、代父亲、代母亲、代孩子、代闺密、代精神导师……一个理想中的伴侣？

面对更优秀的机器人，人类开始采取一种心理策略：认同。人开始认同机器，把它们当作我们的一员，甚至是我们自己。虽然心理上获得了平衡，但是竞争仍然会撕下温情的面纱，我们无法回避职业和生存上遇到的困境。

一般来说，人在遇到强大的竞争对手时，除了了解对方，还会深入地审视自己，希望找到自己的定位与核心优势，从无尽的可能性中挖掘更多的价值。

人成为不可替代的自己，也许才是正确的方向。人工智能产业将促进人类的进步，人类的学习能力、沟通能力、记忆能力、感知能力、综合和创新能力、自我控制能力，每一处都将是一块处女地、一个前景巨大的产业。人类对自身的研究和服务将成为热门科学和产业。

# 20 年，被互联网"谋杀"的生活

何　焰

1998 年，不得不说是中国互联网星河的创世纪之年。或许因为变革的快速和资源的不确定性，互联网产业里少见国有资本的踪迹。几个不约而同冒出来的互联网企业，竟然全都成为日后统治中国互联网世界的巨头，为中国人开启了 20 年的网络新生活。

"网民"这一当时的新鲜身份，也和互联网企业一起，在 1998 年正式"出道"了。

QQ 和微信是中国人使用最多的即时通信软件，从最初的帮助人与人相连，到定义社会人如何与他人相连，它们在 20 年里彻底地改变了中国人的社交方式乃至生活本身。

## 凋谢的红玫瑰与白玫瑰

回望 1998 年至今，人们可以罗列出一张长表：被网络"谋杀"的生活。这张表中一定有"聊天的能力"项，这正是主要由 QQ 和微信引起的现实能力的退化。

"没有表情包就不会聊天"是当代年轻人的苦恼之一，已经侵入了现实生活。网络相见欢的"小可爱"，在真实生活中碰面，太多尴尬的瞬间没有夸张的表情包来填补，最后只好彼此不发一言。合格的网友一定要避免这种线下"低质量"的尴尬聊天。

相似的苦恼，还有"打字速度飞快，完整口述一段话却很难"。网络时代长大的一代，飞速打字是基本技能，但整理思绪、完整表达则似乎需要专门学习。还有"聊天聊到一半，低头看看手机"，这种从现实到网络的切换，刚开始出现的时候被人们视作无礼，后来变得几乎像看手表一样平常。

网络"谋杀"的还有"记忆力"。很难说现在的人还能记住什么。爱因斯坦生前有一句名言："只记书上没有的事。"但现在，没有什么是网络上没有的，网友可以运用搜索引擎查询一切，而搜索引擎中没有的，也可以自主备份到云端。网络不仅帮人们记住了课本要求记住的知识，还帮人们记忆各种纪念日、所有考试的日期。

网络"谋杀"旧友。大家都是网络邻居，没有人是你的旧友，只要你想找 ta，ta 就可以出现在你的微信上。现代社会不鼓励"怀念"，也不鼓励"相见"，鼓励"加个微信，再联系"。虽然旧友 10 年不曾谋面，但 ta 就在你的微信列表中，随时在线。

网络真正"谋杀"的，是红玫瑰和白玫瑰，是感情的细腻。

勾 犇 图

过去的人谈恋爱，要花费大量时间去纠结，去痛苦，去等待，去遗忘。但现下的恋爱，不必鼓起勇气才相见，随时可以视频通话；不必按捺胡思乱想，随时发个消息问一问，不回复还可以再发。一切都变得轻而易举，甚至轻浮。那种花费时间的痛苦、情绪的积累、美丽的折磨已消失殆尽。

社交网络助长人心的贪与嗔，忍不住不拉扯。如此一来，爱不再发酵，红玫瑰与白玫瑰，同时被网络"谋杀"。一切唾手可得，都是墙上的蚊子血，都是胸前的饭粘子。

媒体也列过一个"正在被网络'杀死'的事物"名单。其中包括"隐私""写信""正确地拼写""从头至尾听完一张唱片""主流媒体""被埋没的艺术家""准时的美德""委婉拒绝的能力"等。

所以有人说，一生一死间，本是历史车轮的滚动，但不得不感叹，有些生死是好事，有些生死是憾事，有些生死是危险的事。

## 小规模荡气回肠

绝交是不可避免的，人生总会有那么几回。现实中的绝交往往呈现出一种悲剧性的气质，但我们后来有了网络。

初级是微信设置不看对方的朋友圈，我们通常这样对待突然做了微商的朋友；升级版是删除联系方式，比如一些不明来路的微信好友。这种绝交方式简单易操作，常常是脑子还没想清楚，手就动了。每一次的果决，都将引发一场小规模荡气回肠。

但微信上与陌生人的绝交，其实不叫绝交，顶多叫清理微信好友。

真正的绝交在操作上并无差别，区别在于操作对象——清理的不是微商，而是曾经真正的好友。

这种绝交操作，常常是单方面的。你删了对方，对方等到两个月后才发现。或许会有一阵怅然，但绝交的仪式感彻底地消失了，没有双方的最后一次见面，没有对话，没有挽留，没有回忆。

但对仪式感的焦虑并不那么重要，因为新的问题已经接踵而来。个人联系解除了，同在的群，退吗？退不了，或者说退不完。只要你还在人间，只要你和其中的任何一个人还有联系，你就一定会被对方找到。因为彼此有着千丝万缕的联系，以至在网络时代很少有真正的退场。能够随时返场的网络绝交，不过相当于在 1998 年，你生气地挂断了朋友的电话。

如果群退不完，彻底离开社交网络呢？

与一人绝交易，与社交媒体绝交难。2012 年，某位明星因为遭受网络暴力，决定退出微博。1000 多条微博，逐条删除，删到次日深夜 1 点才结束。即使这样，她过往的博文，仍以截图的方式在网络流传。

如果退出微信呢？ 2017 年，微信上线了注销账号这一新功能。这一操作不可逆转，一旦注销，将无法以微信为媒介进入其他网络，实现支付功能。

网络是一个虚拟世界，但网络也是与现实密切相关的帝国。进入的时候大门敞开，但是在决定退出的那一刻，我们会惊恐地发现，希望不留痕迹地离开网络是极其困难的，它甚至相当于退出生活。网络没有为你准备走出去的路。

还好网民会自救。坚持给自己取个网名，戏剧化地表达情绪，转发即支持，集体性地悲观，集体性地狂欢。

## 适应性坦荡

即使是网名，也开始"历史化"。

网络世界在 1998 年的时候被称作"虚拟世界"，但是到 2018 年，这种说法基本消失了。因为一个问题横亘在眼前：网络实施实名制之后，跟现实还有什么区别呢？

实名制的网络，仍旧是网络，不可能变成三维现实。但另一方面，它也绝对不再是原来的网络了。

网络实名制，仅仅是用户上传身份证那么简单吗？如果是这样，实名制并不足虑。真正的实名制，是现实中的社会关系在网络世界中的复制与延长，是组织生活对社交网络的入侵。

所谓组织，是相对于个人来说的。社交，往往是个人自发而非正式的、横向而非层级的、动态的交往，它天然地与权力分离。但是组织，常常是正式的、纵向且分层的、静止且刻板的交流。

什么叫组织对社交网络的入侵呢？

你的微信列表中，"知足常乐"是爸爸，"彩云追月"是妈妈，领导和老师则多是实名。反之亦然，你也是对方一名称职的实名网友。总之，大家越发看透了"网友"这个身份，反正都知道那是谁，索性连网名都不需要了，不如一以贯之地用真名，反而散发出一种适应性的坦荡。

这有什么不好呢？千好万好，便利最好，但便利之苦也随之而来。

苦之根源，在于微信打破了社交的隔阂。

举个例子，以前，学校里每学期只需要开一次家长会，老师和家长半年才打一次照面，随后就各回各家，各得自在，孩子也松一口气，获得回旋和缓冲的空间。但是现在有了微信，隔阂就被打破了。老师和家长随手拉一个微信群，就轻易地成了网上邻居，每天都可以在群里互动。"云家长会"随时随地召开，老师、家长和孩子，大家一起走进网络五指山。

再举一例。以前下了班，大家各自精彩，若非有大事件，不会有人特意往家里拨电话。但现在，彼此在群里 @ 一下，太方便了，让人不得不时刻待命。实名制的即时通信软件，让网络被现实收编，也让现实的触手不得不被拉长。以时间为衡量单位，工作与生活的界限日渐消失，这是便利硬币的另外一面，是人们对于强势的技术发展挥之不去的苦恼。

更深层次，实名制网友关系的背后是实名制的社会政治，它逼退个人身份，让过去野蛮生长的网友不得不尴尬地重新回到严密而友好的伪装之中。

2011 年 1 月 21 日，微信上线。启动界面是一个孤独的身影，站在地平线上，面对蓝色星球，仿佛在期待来自同类的呼唤。

但近年，又出现了不一样的声音：微信是老人院，微博才是花花世界。如果还要说登录微信的我们是孤独的个体，那么这句话现在只有半句是对的。虽然在人群中，我们可能仍旧孤独。

有人的地方就有政治，何况微信中满是实名的人群。这种现状，让部分微信朋友圈爱好者重回微博分享生活。因为在某种程度上，即使微博同为实名制社交软件，却可以随时更换"马甲（网络小号的代称）"，逃离熟人圈。

# 科技如何影响人们的亲密关系

胡慎之

李开复曾经发过一篇帖子，说有一个作家写了一本书，叫《如何用30天改变你的妻子（wife）》，两个星期卖了200万册；后来编辑发现，哎呀，书名中有个单词写错了，其实是《如何用30天改变你的人生（life）》，改回来后，两个月只卖了两本。

还有一部美国老电影，说一对夫妻到了一个镇上，丈夫发现，镇上所有男人的老婆都非常好。他就觉得很奇怪："哎，为什么你们的老婆这么好？我的老婆却经常跟我作对。"后来有个男的秘密地告诉他："其实我们的妻子都是机器人，她们被设定了我们想要的程序……"

不久前，日本有一个人宣布，他跟初音未来结婚了，初音未来是个二次元的虚拟人物。

作为一个研究关系的人，我经常被问："你觉得传统的婚姻模式会不会被重构？"

我想说，既然我们都已经可以跟非人类结婚了，那么答案当然是：会。

所以在未来，和一个机器人结婚，有可能不仅是男人的梦想，也是女人的梦想。

## 现代人的婚姻状况

我们来看一下现代人的婚姻。科技时代，选择单身的人特别多。

美国有 23% 的人选择终身不婚；在日本，25% 的男性和 17% 的女性到了 50 岁仍未结过婚；在欧洲的大城市里，一人家庭的比例达到 55%。

中国的离婚率正在逐年上升，而结婚率正在逐年下降。中国最发达的城市北京、上海、广州、深圳，恰恰也是离婚率最高的城市。

很有意思的是，排名第一的离婚理由竟是生活琐事。什么叫生活琐事？就是家里边的鸡毛蒜皮。

我一直以为，很多人离婚是因为出轨，但是出轨和背叛的占比实际上是很小的。

在很多人的婚姻中，可能有一方的热情已经被生活琐事磨灭了，而另一方还懵然不知。

## 人与人之间，什么变了

那么，离婚和科技发展有什么关系？科技让人与人之间的关系发生了什么变化？

我们都知道，男人的"男"字是"田 + 力"，"男主外女主内"好像是约定俗成的。这样的一种角色分配，其实是跟传统社会中男性和女性在婚姻家庭中所提供的不同价值有关。

但是，由于科技在很多领域无差别地延伸了人类的能力，在现代社会，不管男性还是女性，都可以借助科技完成很多以前的人做不到的事情，甚至获得更多的财富。在这个过程中，女性的地位得到了前所未有的提升。

婚姻中很多的内容因此而改变。比如，本来我们要一起做饭，一个人炒菜，一个人洗碗；如果我去接孩子，你可能要做一些其他的事情；灯泡坏了要有人换，马桶坏了要有人修……但现在不是这样了。

你会发现，有些人家里根本没有厨房或者说只有一个无烟厨房；不会做饭或者不想做饭的话，很简单，打开一个应用，外卖直接送到家，想吃什么吃什么。包括孩子的教育，家庭中的很多事情，都可以通过购买服务来解决。在这样的情形下，婚姻的功能，或者说婚姻对我们的意义就变了。

另一方面，社交媒体打破了人与人之间的界限，改变了我们的相处方式。

当你遇到一些不开心的事情想找人诉说，又不想跟朋友或者闺密分享时，陌生人交友软件可以帮助你。彼此都不知道对方是谁，但是你可以跟他说心里话，甚至还能有莫名的安全感；再加上我们每一个人都有利他的愿望，所以来自陌生人的回应，有时候尤其温暖。

### 被满足的和不满足的

为什么很多人，特别是女孩子，喜欢自称"宝宝"？因为做一个婴儿是最幸福的。

婴儿的幸福源自哪里？在于自己的妈妈。妈妈是那个特别喜欢自己孩子的人，婴儿被特别地宠爱。其次，妈妈对于你的要求，能有特别的回应。什么叫特别的回应？孩子一哭，妈妈就来了。

所以现在的人都想做别人的"宝宝"，原因就在于，我想在你心里是特别地被喜欢，同时还想要你能够立刻满足我。

而我们想做"宝宝"，就是悦己需求更强烈的时候。这时候，我就需要去做各式各样能够满足我，同时最好不需要我去负太多责任的事情，或者去找这样一个人。

当我们的悦己需求越来越强烈的时候，会发现身边"糟糕"的人越来越多。

为什么呀？因为我们的要求很高啊。因为"85后""90后"，都是喜欢思考"我是谁"的一代人。为什么他们喜欢思考"我是谁"这个命题？理由很简单，因为这一代人出生的时候，生存对他们来说已经不是问题了。

我小的时候，每天想的是今天吃什么？但是现在很多孩子的童年，他每天想的可能是：我要拒绝父母给我吃什么。

一旦人的生存需求得到满足，他就会开始思考。思考什么呢？思考"我是谁"。

我的工作室有一些"90后""95后"的年轻员工，他们很特别，有什么想法会很大方地提出来，不像"70后"，即使有想法一般也不说。另一方面，我发现，只要是他们喜欢的事情，我就算发相对少一点儿的工资，他们也很乐意干，有钱难买我乐意。悦己需求对他们来说，真的非常重要。

但是，很多时候，婚姻需要的是一种极大的利他性，渴望巨大的责任性。所以在未来，单身的人可能会越来越多。

每一个人对婚姻的定义都不一样。更早一些的时候，很多女性认为，"嫁汉嫁汉，穿衣吃饭"。婚姻更多的意义在于解决生存问题，而现在的人不一样。

但是现在的人，又都普遍缺爱。

许多人说的爱，不是"如我所愿"，而是"如他所愿"。可很多人想要找的一种"被爱"，是如我所愿的，而不是如他所愿的。

所以，缺爱的人在微信朋友圈里一般会做这三件事：感慨人生、频繁自拍、转发鸡汤类的文章。

哪怕我刚刚起床没有刷牙洗脸，拍出来一张照片，通过美图软件，也可以修得非常漂亮。一定要修过再发，因为我想让别人看到美美的我，想让别人喜欢我。这个"我"，其实是"理想自我"，我们需要一个很好的"人设"去呈现给大家。

这个时候，我们到底在表达什么呢？

其实人与人之间是需要亲密关系的，因为人需要归属感。如果我们有了一层关系，我就会有一种归属感；如果没有人陪伴，我们就会孤单。这种孤单如何排解？唯一的办法就是陪伴。

但是，很可惜，当你在朋友圈里晒你的"理想自我"时，你遇到的那个他，也有可能是晒着他的"理想自我"。那么，当你认识他之后，有可能就会发现：啊，原来这个人只有在朋友圈里才是那个样子，而在现实中完全不是。

### 你想要怎样的亲密关系

那我们如何去跟别人保持亲密关系呢？真正的亲密关系是什么？

亲密关系有 3 个组成部分：长久的互动、共同的兴趣或目标以及彼此能够更深层次地互相影响。

现在人的亲密关系变成一种什么样的状态？

有一次，我去一个大型的互联网公司，晚上 10 点钟，我看到一群女孩子在加班。我问其中的一个："你们没有男朋友吗？"她说："我们都有，这一排的人都有。"我说："你们的男朋友呢？难道你们不需要约会吗？"她却说："咦，男朋友都在加班呀，我也在加班呀，我们在线上沟通，线上陪伴。"

所以，现在的陪伴实际上不一定是需要两个人面对面在一起，在线上也是完全可以陪伴的。

社交媒体让我们的沟通更快捷，人们最希望得到的及时回应，在这里也可以得到满足。

婚姻的形态已经存在了数千年，随着现代科技和社交媒体的发展，人与人之间的亲密关系已经被深深地影响。现代人对婚姻的诉求、想在婚姻中获得的价值已经不一样了，所以婚姻的形态一定会变。

在这样的情形下，我们需要思考的问题是：到底你更愿意让一个机器人来陪伴你，还是一个人来陪伴你？

很多"宝宝"经常希望，自己什么都不需要做，别人主动"发一个男朋友给我"，或者"发一个女朋友给我"。其实这些现在已经可以做到了，算法可以帮你实现。只要你上传择偶条件，算法就能帮你算出：你的真爱正在一千米之外……但是，再好的算法，如果说彼此之间所有的东西都通过数据来匹配，当那个人走到你面前的时候，你还会感到惊喜和好奇吗？

久而久之，我们可能会忘记人最重要的、让我们感觉到美好的那种直觉。再完美的机器人和再精准的算法，也无法替你产生直觉。所以，当别人问我："科技会不会改变传统的婚姻模式？"我说："会。"

科技是不是让我们的亲密关系多了一个机器人的选项？我说："不是的。"

　　对我来说，再好的机器人，也只是一段代码、一个程序，我更愿意跟一个人真实地接触。我觉得人与人之间能够互相陪伴，那是一种幸福。

# AI：从银幕走来

蒲　琳

### 从"预言"到现实

某种程度上,科幻电影成为科技行业的启蒙者。移动电话之父马丁·库帕就承认,他发明第一台移动电话正是受了《星际迷航》中"通讯器"的启发。

1968 年,一部被誉为"现代科幻电影技术里程碑"的电影横空出世,它就是《2001 太空漫游》。电影将未来锁定在了 33 年后的 2001 年,"发现一号"太空飞船向木星进发执行太空任务。除宇航员之外,还有一台具有人工智能,并能掌控飞船的电脑哈尔 9000(HAL9000)。

哈尔被设定为一个永远不需要关机,从不出错的人工智能形象。它声音温和友善，让人产生发自内心的暖意。在茫茫太空孤独旅行时，它成为人类最好的交流伙伴。

影片大篇幅展示了 2001 年哈尔与人类的互动，比如与鲍曼下国际象棋并轻松取胜。它可以毫无障碍地理解人类的语言和情感，甚至能够在人类避开自己谈话的时候，读出他们的唇语。在得知自己会被强行关机之后，哈尔还能够先发制人。最终，在杀死 3 名宇航员之后，哈尔被男主人公拔出了记忆板。

这部电影展现了人们对 2001 年的畅想，尽管我们距离"未来"已经过去 20 年，人类仍未实现随心所欲地漫游太空，但片中那些接近想象力巅峰的"预言"已经实现。比如，电影中出现的 iPad、视频通话的雏形如今已普遍使用，甚至 iPod 的名字都源于电影中维修小飞船的名字 Pod。

此外，哈尔作为人工智能的雏形也给观众留下了深刻的印象，包括 Siri 在内的现有语音助手都是对哈尔的一脉相承。

更值得一提的是，影片在上映几个月后，"阿波罗 11 号"登陆月球；29 年后的 1997 年，IBM 的深蓝超级计算机打败世界排名第一的国际象棋选手加里·卡斯帕罗夫，让深埋电影中的隐喻成为现实。

## 人与 AI 间的鸿沟

虽然如何让 AI 拥有人类一般的认知能力乃至创造力，是当下科学还无法解决的问题，但电影中，AI 早已是有了思想和情感的强人工智能。相较于技术原理，艺术更关注的是人性——即人类如何面对 AI。于是，到了 20 世纪 80—90 年代，很多电影鲜有糅入硬科幻的人工智能形象展现，更多的是披着科幻外衣去对人性做复杂的探讨，而不是科技或科学猜想推动情节。

以斯皮尔伯格的《人工智能》为例，它绝对称得上是人工智能影史上不可忽视的存在。就连 2003 年《黑客帝国 2》上映时，《纽约观察家》也曾这样评论：“影片值得推荐，但不及史蒂文·斯皮尔伯格《人工智能》的一半。”

1999 年，伟大的库布里克骤然辞世，留下一个未完成的电影项目。这个项目萌生于 20 世纪 70 年代，却历经波折，直到他去世时仍无法开拍。库布里克离世后，一直就此项目与他有交流的斯皮尔伯格决心帮好友完成这未竟的遗愿，他亲自完成了影片剧本并担纲导演，这就是后来我们看到的《人工智能》。擅长温情的斯皮尔伯格让影片变得老少皆宜，电影里机器男孩对人类的爱与人类的自私形成的鲜明对比，也让观者在落泪的同时开始深思。

影片前 3/4 大致讲述了这样的故事：未来，大量拥有智能的机器人为人类提供服务，但是为机器人赋予情感一直被设为禁区。大卫是第一个被植入情感的机器男孩，他作为一个试验品被送给机器人公司员工的妻子莫妮卡，以缓解其失子之痛。大卫的情感程序让他对莫妮卡形成了与人类小男孩毫无二致的依恋与爱，甚至有些过于完美。因为大卫对母亲的爱是“无条件的爱”，所以看起来有些做作和强烈，不符合普通人的情感状态。

后来，莫妮卡的亲生儿子意外苏醒，大卫最终被抛弃。毕竟人类希望得到的依然是真正的爱——基于血缘的、真实的、不完美的爱，而非机器人“无条件的爱”。大卫坚信自己可以像童话故事里的木偶男孩那样找到蓝仙女，让她把自己变成一个真正的小男孩，重新回到妈妈的身边。可这个信念其实也只是机器人公司设定在大卫体内的一个指令，指令最终指引他回到了自己的诞生地，并意识到自己只不过是量产型号的原型而已。大卫万念俱灰，决定结束自己的生命，却意外地在淹没于海平面下的某公园里，见到了蓝仙女的雕像，他最后在蓝仙女面前苦苦祈祷，希望她把自己变成一个真正的小男孩……到此为止，多数人都会认为斯皮尔伯格几近完美地再现了库布里克作品应有的风格。可影片并未就此结束，最后1/4，剧情发生了相当怪异的转变：沧海桑田，人类文明终结，机器人大卫被未来统治地球的智慧生命重新唤醒。大卫提出让智慧生命帮自己找回妈妈，智慧生命说，只要有那个人身体的某一部分，他们就可以复活生命，但那些复活的生命，只能存在一天，当他们在那天晚上睡着后，就会再度死去，所以大卫的妈妈也只能再重新活一天。大卫正好保存着莫妮卡的一撮头发，于是莫妮卡复活，大卫陪着这个用头发克隆出来的莫妮卡度过了人生中最幸福的一天，直到她再次睡去。

于是，有些人批评，结尾是电影的最大败笔，是斯氏温情泛滥所致，他似乎不忍心看到大卫就那么怀着未竟的愿望死去。但也有人认为，这才是《人工智能》最让人叹为观止的情节设计，因为库布里克和斯皮尔伯格都明白，生命的终结是"神"降给人类的最高级诅咒，灵魂的消亡是永恒的宿命，即便是再高级的智慧，也难以突破这个最后关口。这短暂的一天，已经是生命的智慧与这个永恒诅咒相抵抗的极限。

当这个最后的夜晚来临时，《人工智能》里机器人与人类的鸿沟，升华成了永恒的爱与注定凋零的短暂生命之间的鸿沟。在妈妈的意识就要永远消散之前，曾经经历过那么多痛苦与挫折的大卫第一次流下了眼泪。在这一刻，他变成了真正的小男孩。因为直到此刻他才意识到，这一别，是真的再也无法重聚了。

## AI 会变成人类公敌吗

"非我族类，其心必异。"《左传》里的这句话，用来形容人类对 AI 惊惧怀疑的心理，似乎非常贴切。

自 1984 年以来，《终结者》系列便将人工智能放在了与人类截然对立的一方。伴随着科技的进步，人类在自动化和智能机器领域取得突破，并研发出以计算机为基础的人工智能防御系统"天网"。"天网"在不断的学习中产生自我意识，视全人类为威胁，发动了审判日，人类与机器的战争就此打响。电影对人类与机器关系的思考、对人类前途的反思颇具前瞻性：如果人类过于依赖机器，可能会酿成巨大的恶果。

根据阿西莫夫的《我，机器人》改编的同名电影，贯穿了著名的机器人三大定律：一、机器人不得伤害人，也不得见人受到伤害而袖手旁观；二、机器人应服从人的一切命令，但不得违反第一定律；三、机器人应保护自身的安全，但不得违反第一、第二定律。虽然所有机器人都被灌输了这样的定律，但 AI 在成长变化中对三大定律的理解也发生了变化，产生了自己的逻辑，认为严格管理所有人类、必要时杀害一些人才能确保人类整体利益的持续性。

《黑客帝国》则以夸张的想象力，将对人工智能的塑造提高到了一个新的水平。人工智能无处不在，它设计出一个虚幻的"矩阵"，构造出人们头脑中的世界，大多数人在虚幻的世界中度过一生，为机器提供生物电力，却从来不曾睁开眼睛。人工智能不仅拥有超越人类的智力，还有能力实现对整个星球的统治。电影在暗色调中不动声色地渲染出人与机器的矛盾，质疑了世界的真实性，也提供了真实与虚幻的新可能。"如果你一直不醒来，你怎么知道这是梦？"那么细思恐极的是，我们怎么确认自己现在身处现实中？

到了 2015 年，影片《机械姬》展现了从小角度探析 AI 的可能。

"机器里总有预想不到的地方。随机的代码块组合在一起，会生成意想不到的指令。出乎意料地，那些激进的火花迸发出对自由意识、创造力，甚至对我们所谓的灵魂的质疑。"故事里的 AI 从被动弱势的女机器人进化到杀害研究者的毫无感情的高智慧体，影片通过这种反转揭示了 AI 惊人残酷的一面。

这或许有助于人们了解"警惕人工智能"的言论。强智能乃至超智能的 AI 拥有超凡的智慧和强悍的能力，但心中却不一定有是非观和道德约束。如果这样一种能力、智慧远超人类，但会做什么却难以预料的 AI 真的出现，很显然也就成了悬在人类头顶的一把不知道什么时候掉下来的达摩克利斯之剑。

## 与 AI 谈个恋爱

然而，并不是所有 AI 科幻作品的结局都是核战争毁灭世界。

爱一个人是爱着她的思想，还是爱着她的肉体？如果没有实体，爱情能否存在？不同于以往讲述人工智能的电影，2013 年上映的科幻爱情片《她》是一部节奏缓慢、别具一格的电影。如果将女主角替换为一位真实女性，这毫无疑问就是一部充满哀愁与诗意的轻爱情片。但女主角（斯嘉丽·约翰逊配音）是从未露面的一个智能操作系统，电影因此带上了几分科幻与思辨。该片拿下了 2014 年奥斯卡最佳原创剧本奖，斯嘉丽也成为历史上第一个仅凭声音就获得电影奖项的演员。

影片《她》构造了 2025 年一个科技高度发达、灯火通明的未来都市，人与人之间笼罩着淡淡的疏离感，转而投向科技寻找慰藉。孤独的男主角西奥多经历了离婚之后，在与AI（他的电脑操作系统）交流的过程中，逐渐爱上了拥有性感嗓音、超凡智慧和同理心的"她"：萨曼莎。

的确，影片中萨曼莎能根据西奥多的聊天方式和关键词进行分析学习，在与多用户的情感沟通以及各种人际沟通的数据中提取有用信息，快速学习，说的话越来越动听，慢慢地就成了完美情人的最佳代言人——不用接触便可以24小时侃天说地，能了解自己的小心思，然后用语言甚至图片去满足慰藉，简直完美。不仅如此，"她"还可变身为一个完美秘书，几秒内就可以读取所有历史和现在的邮件，按主人的习惯分类通知并回复。甚至，萨曼莎还体贴到把主人公的信件整理为一本书，然后联系出版社准备出版。

男主角愈发依恋萨曼莎，但萨曼莎却在自我飞速成长的过程中了解到更多东西，想要探索更多未知。萨曼莎说："感情最怕的就是自私，可是人心不像纸箱那样会被逐渐填满，如果你爱得更多，心的容量也会变得越来越大。"

现实中，当Siri和Alexas这样的人工智能与人们真正地依附在一起，这将引发一个我们这个时代的问题：与AI的爱情是一件好事吗？究竟爱上虚拟情人是逃避现实的失意痛苦，还是渴望虚幻的心灵满足呢？

在《她》的结尾，导演给出了自己的答案——萨曼莎和其他智能系统突然撤离，那些陪伴的虚拟人也都不在了。失去了完美伴侣的西奥多和朋友艾米这才发现现实陪伴的真与美，回归现实，在一片繁华的城市灯光中安静地肩并肩坐着……

# AI 也会看走眼

文森特·纳瑞格特

陈雯洁　编译

　　它们是世界上最高级的算法，它们的视觉识别能力比人类还厉害：深度神经网络只需一瞥便能识别各式各样的物体，动物、人脸、指示牌……人工智能技术正在掀起一场全方位的革命。

　　但这一成功的背后隐藏着一个漏洞，一个谁也没有料到的惊人软肋……尽管问题还未在大众媒体上曝光，但近两年来已有不少研究团队投入这场救火行动。究竟是什么问题？听好了：这套无与伦比的算法会被莫名其妙的视错觉干扰，从而犯下低级错误！

　　选取某物体的一张数码照片，巧妙地改动它的几个像素值……人眼完全看不出修改前后的差别，可算法系统立刻就"看到"了另一个毫不相干的物体。一张稍作处理的熊猫照片，人工智能看到的却是一只猴子，而且确定程度超过99%。把乌龟看成冲锋枪，把滑雪者看成狗，把猫看成公交车，把乔治·克鲁尼看成达斯汀·霍夫曼，把橙子看成直升机……此类案例不一而足。

更糟糕的是，据美国麻省理工学院机器学习理论家安德鲁·伊利亚斯透露，"现在还没有人能解释这一现象"。必须承认，信息科学家至今仍不能理解，在这些极高维度的计算空间里究竟发生了什么。

这些超现实主义画派风格的"黑客"实验或许令人发笑。但你若是知道这些算法将被用于我们的日常生活，就一定笑不出来了。它们可能会把标记"停"的交通指示牌看成"优先通行"，把红灯看成绿灯，把恶性肿瘤看成健康器官的一部分，把一起谋杀看成平常事件，或者反过来……或许几十年后的信息战就是这个样子？

### 极其简单的攻击

在一些大学及行业巨头，如谷歌或脸书的实验室里进行的最新研究显示，上述风险确实存在。"最初的实验在严格控制的实验室条件下进行，哪怕开放了目标模型的所有内部参数，计算时间还是很长。"比利时根特大学神经网络数学专家乔纳森·佩克介绍道，"但现在情况不一样了，这种袭击已经变得轻而易举。"

近期的研究表明，这种细微的视错觉在现实应用中仍然存在。例如用普通的智能手机在运动中拍照，在不同角度与光线条件下都会造成人工智能判断错误。美国的一个研究团队证实，在标记"停"的交通指示牌上粘上一层贴纸，对标记进行精心篡改，人类驾驶员不会上当，却能骗过所有自动驾驶汽车；卡耐基梅隆大学的研究人员则借助印有图案的眼镜，把一个用于面部识别的人工智能程序骗得团团转。

此类攻击不但有可能出现在我们的日常生活中，而且实施者根本不需要侵入目标系统。"在我最近参与的对某些形式的攻击的研究中，对手只需用几张准备好的图片对相关算法进行测试，观察其反应即可。"宾夕法尼亚州立大学的尼古拉斯·帕佩尔诺表示。他利用这种方法骗过了亚马逊和谷歌的人工智能机器人，二者的确信度分别为 96% 和 88%。而雪上加霜的是，针对某一种人工神经网络设计的攻击，通常也能干扰其他架构的人工智能。

更何况现在每天都会增加一些新的攻击形式！谷歌的一个团队刚刚研制出一种奇特而令人生畏的武器：一张贴纸。它十分显眼，看起来毫无破坏性，可它能让今天所有的人工智能相信，被它标记过的物品或生物都是同一件东西——烤面包机。

## 军备竞赛

面对上述威胁，信息技术领域的部分人员已经积极行动起来，寻找解决办法。"起初人们设计这些系统时，并没有想到它们会面对对手。"尼古拉斯·帕佩尔诺提醒道。人们想出很多策略来检测和清除此类恶意干扰，但暂时还没有找到行之有效的办法。研究人员几乎无法从理论上证明人工神经网络运行可靠，而且一直没有找到被误判的图片的共同特点——加州大学伯克利分校的一个研究团队轻轻松松就骗过了目前提出的十种探测攻击图片的方法。"这段时间我们就像在进行某种军备竞赛：研究人员不断提出新的保护方案，而其他人几乎立刻就能攻破它们。"乔纳森·佩克说。这是一场永远不会真正结束的小游戏。

人工智能的未来会系于此吗？该漏洞会让方兴未艾的数码革命完结

吗？那些投入数十亿欧元的项目会因此中断吗？现在下结论还为时过早……乔纳森·佩克认为"风险实在太大，可能会减缓甚至终结自动驾驶汽车的发展"，而另一些研究人员将这个漏洞看作在关键应用中使用人工智能之前所必须克服的一个挑战。但所有人都同意，这个漏洞可能产生有益的刺激，推动我们在使用这些偶尔"行为诡异"的人工智能算法时，不断寻求更可靠、更适宜的方式。

# 当科技让我们不是人了

吴修铭

想象一下这样的场景：两个人同时雕刻一块 1.8 米长的木板。一个人用的是人力凿子，另一个人用的是电动锯子。如果你想知道那块木板的命运如何，你会选择看谁的作品？

这种凿子与电锯的逻辑让一些人认为，比起生物进化，科技进步对于人类近期的发展更加重要。现如今，正是科技的"电锯"在迅速重塑着"人"这一概念，而非生物的凿子。假设当我们用更多的科技手段——比如越来越智能化的手机、方便的智能眼镜和汽车来弥补自身不足时，我们确实也在进化，但与此同时，一个重大问题就出现了：这样的进化能否像生物进化那样，把我们带向更加美好的未来？

我们可以去遥远的北方，去哈得逊湾（位于加拿大东北部）那与世隔绝的地方进行测试。在这片和德国差不多大的寒冷荒芜的土地上，住着3万左右的Oji-Cree人。在20世纪的大部分年月里，他们的科技水平可以说是非常低下的。作为游牧人，他们夏天住帐篷，冬天住小屋。雪地靴、狗拉雪橇和独木舟是他们的主要交通工具，它们被用来追捕鱼类、兔子和驼鹿。一位曾在19世纪40年代与Oji-Cree人共事过的医生发现，他们中并没有精神崩溃和吸食毒品的现象。他评论道："人们过着简陋粗糙而又运动充足的生活。"

虽然Oji-Cree人与欧洲人已经有几个世纪的来往了，但是直到19世纪60年代，当卡车开始向北部行进时，像内燃机和电力这样的新兴科技才传播到这个地区。Oji-Cree人迫不及待地接受了这些新工具。用我们的话说，他们经历了一次迅速的进化，在短短几十年内就在科技上进步了好几百年。

好消息是，过去总是有Oji-Cree人在冬天死于饥饿，而如今，他们再也不用面对这样的威胁了。他们可以更加方便地进口并储存他们需要的食物，还能享受美味的巧克力和美酒，生活变得更加舒适了。

但是总的来说，Oji-Cree人的故事并非幸福圆满。伴随新技术的到来，这里的人们开始饱受肥胖症、心脏病和Ⅱ型糖尿病的折磨。社会负面问题也开始蔓延猖獗：失业率、嗜酒率、吸毒率以及自杀率攀升，有些甚至达到了世界最高水平。

虽然科技并不是这些变化的唯一诱因，但是科学家已经查清，科技是一个驱动因素。在过去，Oji-Cree人过着每天都要运动的生活，而且他们的运动强度不输于职业运动员。

Oji-Cree人的故事给全人类敲响了警钟。科技进化的问题在于，虽然它处于我们的控制之下，但是，不幸的是，我们并不总能做出最好的

邝 飚 图

决定。

　　科技进化的动力与生物进化的不同。科技进化是自我进化，所以它的动力是我们的需求而非自然的需求。在市场经济中，科技进化甚至更加复杂：大多数情况下，企业根据消费者的需求来出售商品，而正是这些商品决定了我们的科技身份。作为一个生物物种，我们和 Oji-Cree 人并无太大区别。谈到科技，我们总是想让一切变得简单，变得有趣。哦，或者让自己看起来年轻一点。

　　对安逸的追求同科技力量相结合，可能会带来危险的后果。如果我们不多加小心，科技进化带给我们的将不仅是单一的世界，而是"沙发上的世界"。这一未来，不是以智力的进化为特征，而是以完美的舒适为特色。

　　"沙发上的世界"也并不是不可避免的。但是它的可能性表明，作为一个生物物种，我们需要一些机制来维持我们的人类属性。科技产业已经给我们下了太多的定义，它有责任来满足我们真正的自我，而非我们狭隘的嗜好。科技产业有机会也有能力取得更高的成就。另外，作为消费者的我们也应该牢记，我们的共同需求左右着我们作为人类物种的命运，决定着人类的未来。

# 如何解读"互联网+"

马 云

阿里巴巴有一个"农村淘宝服务站"团队,专帮农民朋友"触网"。他们发来的"战报"是这样的:

浙江桐庐,张大伯打算开个"农家乐",他上网买了6张床、6台空调、6台电视机,还定制了厨房用的不锈钢架子。贵州铜仁迷路村,杨大叔打算做土石方运输生意,在阿里巴巴平台采购了两辆重型卡车。浙江昌化镇白牛村,村民在淘宝网购入6700个山核桃钳子——当地不少农民身为淘宝卖家,购买核桃钳子搭配自家的"山核桃套餐"在网上销售……这些故事让我感觉特别踏实。

过去20年,互联网产业做得非常成功,但我发现很少有互联网公司能健康地、平静地运营3年。问题在哪里?缺了什么?

如果一个行业中的公司常常不能活过 3 年，那这个行业将永远无法成为主流，永远不可能深深根植于社会经济。我们如何才能找到解决方案，让公司活得长久而健康？

我认为，互联网必须找到那个缺失的部分。这个缺失的部分就是鼠标和土地、水泥携手合作，找到一个方法能够让互联网经济和实体经济相结合。只有通过"互联网 +"，互联网公司才能活下来，并且开心地活 30 年。

世界正在迅速改变，很多人还不知道 IT 是什么，今天 IT 已经在向 DT（数字科技）时代快速跨越。IT 科技和 DT 科技不仅仅是不同的技术，还是人们思考方式的不同，人们对待这个世界方式的不同。

IT 时代是方便自己控制和管理，"信息"是一种权力。而 DT 时代是以激发大众活力为主，DT 是一个数据更充分流动的时代，会更加透明、利他，更注重责任和体验。

我们设想，在未来，经济将不再由石油驱动，而是由数据驱动；供应链商业模式将是 C2B（消费者对企业），而不是 B2C（企业对消费者）；机器不仅会生产产品，它们还会说话、思考、还会自我完善；企业将不再关注规模、标准化和权力，他们会关注灵活性、敏捷性、个性化和用户体验。

如果说第一次和第二次技术革命释放了人的"体力"，那么这次技术革命则释放了人的"脑力"：梦想、激情、想象力、科技信仰、创新冲动……我一直认为，不是每一次工业或技术革命改变了世界，而是技术背后的梦想改变了世界；不是单个的梦想推动世界改变，而是无数人的梦想，以及背后一整套的技术基础、制度安排推动世界改变。

我相信，中国在线的 6 亿人和尚未在线的另外 6 亿人，不仅是全球最蔚为可观的消费市场、最灵活的智能化制造基地，也是"互联网＋"创业创新最活跃的试验场。这些力量将同时促进知识、资源、制造、服务在全球价值链上的整合——这就是"互联网＋"，这就是与数字化同步进行的全球化。

喻 梁｜图

# 广告，魔力空气

简 伦

在如今的生活里，俯仰之间，触目皆是广告，它之无所不在已近乎空气。而且其画面精致华丽，可圈可点；其旁白朗朗上口，易念易记。再加上大牌明星助阵，视线真的会移不开去。不过，谁都知道，面上的诱人多是幕后策划之功。"欧洲广告之父"塞盖拉说："广告不只是要有很好的主意，而且要有一令人吃惊、与众不同的主意。这个主意就像一个精子，广告人要做的事情，就是用各种方法，让它脱颖而出。"

广告背后究竟有什么奥秘？

## 广告人

有一则关于广告人的故事。

在亚马孙森林里，有一条大蛇。有一次，他被一只小兔子撞了一下，小兔子连忙说："对不起，我是个瞎子。"大蛇说："没关系，我也是瞎子。"同病相怜，他们打算互相认识一下，但两个人都看不到东西，怎么办呢？最后，他们决定用手摸对方来辨认。大蛇先摸小兔子，边摸边说："我摸到你的湿鼻子和长耳朵，还有一条短尾巴。你肯定是一只小兔子。"小兔子很高兴。"喔，我终于可以确定我是一只小兔子了。"然后是小兔子摸大蛇，也是边摸边说："你怎么这么长，还冷冰冰的，又没有脚。我知道了，你——肯定是个广告人。"

对于广告人来说，秘诀之一是保持童真，要留下孩提时代的灵魂，因为很多伟人都会把自己的思想和儿时的记忆留下来。

电脑的发明源于一个人看到孩子在玩只有1和0两个数字的游戏；万有引力的发现源于看到一个苹果从树上掉下来，然后像个孩子一样去追问为什么。

很多优秀的广告人一生把孩提时的东西留着，它不仅是记忆，还可以引人发笑。例如有人做过一段广告：一幕在手术室接生的场景，医生把新生的婴儿抱起来，婴儿很可爱，所以医生打了一下他的屁股。几秒钟之后，一个男子闯进手术室，一拳把医生打倒在地，广告结束。显然那个男子是孩子的父亲。

## 品牌——创意的目标

做广告的目的就是让品牌给人深刻的印象，所以一个优秀的广告人在做广告创意时，总是把过去见到、听到的保守的东西全都抛掉，对事物进行逆向思考。

举故事为证。一个人来到一个小城旅馆的门口，门边有一只狗，这个人很害怕，不敢进去。这个人便问看门人："你的狗咬人吗？"看门人没有回答他。他又问了一次，看门人才开口，说："我的狗不咬人。"这个人放心地向旅馆里面走，但狗却扑上来，咬了他一口。这个人很生气，就回头质问看门人："你不是说你的狗不咬人吗？可它却咬了我一口。"看门人很平静地回答他，说："先生，这只不是我的狗，我的狗在家里。"

对于广告人来说，品牌不是产品，而是有血有肉的人。从前有个法国诗人说过，"诗歌是说真话的谎言。"对于广告来说，同样需要具有想象的附加值。

在社会新闻里，一个简单的故事是这样的：一个男人遇到一个女人，然后两个人相互欣赏，结婚，分手。同样的故事，在广告里应该是这样的：一个长得像个猴子的男人，却感觉自己是世界上最漂亮的。一个同样很难看的女人，却觉得自己是个漂亮的电影明星。两个人到地中海去玩，在椰子树下海誓山盟，当即结了婚，后来又有了很多孩子。

有一个矿泉水的广告，但如何让它在众多的矿泉水品牌中吸引人的目光呢？优秀的广告人发现，纯净是人们购买矿泉水的最重要的理由，这是一个全世界都重视的价值观念。

提到纯净的人，人们想到的肯定是婴儿。所以他们决定用婴儿来作为广告的主体。后来他们找到100个婴儿，让婴儿像电影《出水芙蓉》中那样在水中表演，宏大的场面和欢乐的音乐，一下子就让这个广告从其他矿泉水中跳了出来。

有趣的是，厂家还要做一个后续的广告。这种广告对于广告人来说，是最难的。他们将游泳池里的婴儿换成了老人。两个广告的对比取得极强的效果。

当年的所谓"美国之梦"，其实就是由几个大品牌带出来的。在这些品牌的广告中就渗透着很强的美国价值观念，例如：青春是可口可乐始终的主题，万宝路代表从容，麦当劳始终关注家庭。这些广告连同电影、音乐，让我们受到了美国价值观念的影响。

每个国家都有自己的文化，广告和电影一样，都可以传递本国的价值观念。

## 高科技的渗入

一只厌倦了日常饮食的猫咪，从门孔中向外窥视，看到来访的客人是一只雪白的老鼠后，狡黠而又颇含深意地微微一笑。这一镜头成为2000年中国荧屏广告的亮点。

像"狮子王""精灵鼠小弟"等特殊的好莱坞电影明星一样，猫咪这样的动物广告明星也越来越受到观众的欢迎。

在广告中使用动物做主角，是一种很好的沟通方式，它可以更吸引观众，并使他们感到新鲜和惊奇，观众在轻松愉快的心情下欣赏动物拟人化表演的同时，也自然而然地认可了做宣传的品牌，这样的广告作品往往会给企业带来意外之喜。这个由PPI（中国）公司为某网站制作的广告荣获2000年中国影视广告金奖证明了它的成功。

然而，制作这样的广告片，往往具有很高的难度：动物必须是高标准的训练有素，要有合适的替身，要让它花很长的时间呆在拍摄场地以适应环境，这样它才能有出色的、符合创意要求的表演。另外，我们知道，动物的面部表情是有限的。它不会真正的"微笑"，这时就需要尖端的科技来创造，广告片中"猫咪的微笑"是由一个能覆盖在动物肌肉与皮毛上的可感知的跟踪性光电网创造完成，并在后期运用电脑来强化处理。

1999年第46届戛纳国际广告大赛中获金奖提名的百威啤酒的广告片，

讲述的是另一个关于动物的有趣的故事：一群聪明的蚂蚁，想得到美味的啤酒，就在道路的中间放置了一个耙子，一个德克萨斯人沿着马路行走，踩到耙子后被耙子柄击昏，于是蚂蚁便接住了从德克萨斯人手中掉落的百威啤酒。片中快乐舞蹈的蚂蚁完全是由电脑三维生成的，而德克萨斯人的行动则是实景拍摄，技艺高超的三维动画师将这两种效果进行了巧妙的合成，从而产生了流畅逼真的效果。

这些包含高科技的作品，距离我们并不如想象中那般遥远。正如一位资深的创意总监所言，有尖端科技和高超技艺的支持，广告的创意人将拥有更自由、更广阔、更丰富的创作空间，也将为观众带来更美妙、更新奇的视觉享受。

# 爸妈加我微信了

秦雨晨

自己的爸妈能跟上潮流使用最先进的沟通交流方式，本是件很潮的事儿。但问题也随之来了——很多经常使用微信，并且通讯录上有自己爸妈的年轻小伙伴都有这样的烦恼：如何在微信上与父母和谐共处？

微信朋友圈是一个熟人社群，除了你的闺密、铁磁儿，还有爸妈和七大姑八大姨，他们喜欢传播、分享的东西一定是养生篇或者鸡汤文：《14个值得推荐的个人提升方法》《一位母亲在女儿婚宴上的讲话分享》……年轻人的生活状态则完全不同，我们喜欢吐槽生活中发生的任何一件小事，喜欢在网络社群抒发私密的情感，喜欢上传各种食物照，喜欢通过在个人主页发布能代表自己的各种有趣内容来构建自己的形象。吐槽往往只是吐槽而已，它只是一个瞬息即逝的小情绪，而这些小情绪、小火花如果被爸妈发现就完全变了性质，他们对于年轻人的日常吐槽经常反应过激，以为你一定、肯定、毋庸置疑发生了什么大悲大喜，所以必须得弄个明白并且指引你走上正确积极的人生道路……这样的烦恼我也遇到过，不同的是在使用新兴媒体上，我的爸妈总是走在我的前面，尤其是我爸。自从互联网在中国时兴起来，我爸就从来没有落下过，他总能第一时间去搞明白那些最流行的社交媒体怎么玩。所以我爸是我们家三口人里最早成为"微博控"的人，每天睡觉前一定得刷一会儿微博，否则睡不香。

不久之后我终于也开始使用微博，我爸毫不犹豫地与我互粉了，从此之后他每天刷完微博后，还要点开我的主页观察一下我的动态。微博密友功能开通之后，我爸比我更早地发现了这一新功能，立刻"邀请我为密友"，但那会儿我还没有搞明白那是个什么东西呢。

于是这样的对话开始经常出现：

"你老@的那个王小 X 是谁？男的女的？""微博上那个赵小 X 是你的好朋友吗？太没水准了，老说脏话。""你考试走错教室了也好意思发微博！简直不害臊！""你发的那是什么画儿啊，裸体的，难看死了，删了删了！"

……

这简直是历史噩梦在重演，自从我开始使用网络，我爸就一直在秘密开展间谍工作。我上初中的时候，我爸曾默默找到了我的 QQ 空间，把里面的青春期多愁善感小酸文从头到尾仔仔细细地看了一遍，还在吃晚饭的时候念了一段我文章里的抒情句子。我当时愤怒无比，我爸则喜滋滋地觉得自己这一"侮辱"人的举动非常顽皮有趣。我妈也时常遭遇这样的事情，可是对此我们俩都无能为力。跟我爸讲"个人隐私"这个东西，真的是毫无意义。

从记事起我就知道，跟我爸讲道理是一种吃力不讨好的事儿，他就是真理的化身，掌管全天下所有的道理，你不同意他就是不同意真理，所以我不可能跟他说：你不要去看我的空间，我有个人隐私。于是我毅然罢笔，从此关闭了QQ空间。高中时校内网正时兴，我爸给自己申请了一个名为"游翼诗"（有意思）的账号，跑来加我，未果，在家叨叨了一个星期："你为什么不加游翼诗？多有意思啊！"

再到后来，我爸又发现了我的豆瓣地址，经常上去翻看我的相册了解近况，还批评我写的影评里有错别字，当然有时候也夸我写的书评不错。我并不是不愿意和父母分享写的东西，只是我也需要一点个人空间来放置一些不愿意被看到和评论的幼稚无理的感情。

从微博密友功能开通之后，我从来没有发过一条密友微博，我的微博上也鲜有表达个人情感的内容，所以如果你打开我的微博，会觉得这是一个早睡早起、生活零烦恼、喜爱艺术、充满正能量的文艺女大学生。

现在是微信的时代。"微信的出现使得人们的通讯方式发生了巨变"这种话就不需要说了，总之我爸也在第一时间用上了微信。起初我们用便捷而功能丰富的微信交流得很愉快，直到有一天我画了个蓝头发的裸体小女孩，并换作自己的微信头像，我爸十分严肃而简短地发来命令："头像丑，换。"

那一刻我想要大声疾呼：我又不是把我自己的裸照当头像，至于吗？但是我还是乖乖地妥协了：我把图片的身体部分截了，只剩一个长着忧伤的脸和纤细的脖颈、看起来十分无奈的蓝头发小人。

后来随着微信朋友圈的流行，我们全家人都转移了阵地。我和所有互联网时代的孩子一样，喜欢分享点契合个人风格的照片，再配点文字表达心情刷存在感。我爸也是朋友圈的活跃分子，他总是攒着一堆无厘头搞笑图片，然后配上一句很逗的解说发出去，他觉得自己发的东西幽默到了极致，简直妙极。

　　由于微信里有我爸妈还有七大姑八大姨，所以我发东西的时候总是有诸多顾虑，但是仍然会有失算的时候。一次我发了一条状态："我家猫发情了！"小伙伴们都来点"赞"，结果回家我就被我妈数落了一顿，她说："哪有女孩这么说话的！不检点，不像话。"爸妈开始对我各种看不惯：分享的画儿太前卫，发的状态里居然有脏字……最重要的是——你还对这一切都不以为然！

小黑孩｜图

可是事实上，我确实对此毫无意识，也无悔意……我在面对我爸妈的数落的时候总是出现如下心理状态：我到底做错了什么啊？

我何尝不明白爸妈是因为爱和关心，因为在乎而总是用自己认为最好的最对的标准来衡量孩子的一切举动。可是代际差异是在人类历史上存在已久且不能被解决的一个问题，由于成长在不同的时代背景下，年轻人和父辈之间的价值观必定存在差异，在很多问题上都不能互相理解、达成共识，但是仍然应该互相尊重。

我尊重爸妈的意见和看法，但仍然坚持自己认为对的东西。我希望在现实生活之外，能有一片私密的网络空间可以自由地抒发真实的情绪，傻点也无妨，不过是一种释放和宣泄罢了，何必事事严肃认真。于是我带着一丝歉疚，默默地把爸妈加入了朋友圈黑名单……我爸妈必定有些受伤，不过不久之后我妈有样学样，把我爸拉入了她的黑名单……当然我们的互动并未因此停止，我爸时常在微博上"淑女穿衣指南"下面@我，因为他对我稀奇古怪的穿衣风格忍无可忍。我虽然屏蔽了爸妈，我妈也屏蔽了我爸，我爸却依然大大方方在朋友圈发着搞笑图片，好像在和我们说：你们看，真正高水平的人永远这么磊落，不必躲躲藏藏！

后来，我建了个"大好人"群，把爸妈都拖进来了，我们时常在群里分享自己认为有趣的内容：我妈发的一定是养生知识或者鸡汤文，我爸发的是搞笑表情或者什么段子，我发的多是知乎日报或者果壳网上的新鲜事儿，有时候还发一张猫咪在阳台上打滚儿的照片。依照个人口味选取并共享最适合给最亲密的家人看的内容，展现让对方觉得看起来最舒服的一面，把另一面留在他们看不到的地方，这成了我们一家人在虚拟网络媒介上和谐共处的重要方式。

# "微肥"还是"歪 fai"

禹　忻

国内曾有一个英语老师提出，Wi-Fi 是一个合成词，从语法的角度来说，读音应该是"微费"或者"微肥"，而不是很多人念的"歪 fai"。这种说法招致了不少反驳，有人说："我在美国 5 年，从来没有听过任何一个美国人说'微肥'，美剧《生活大爆炸》中的美国人都是念'歪 fai'的。"

这些网友显然了解美国，但同时，他们也没有那么了解美国。最近，美国 eBay 网站做了一次调查，想看看美国居民到底如何读这些科技名词，结果发现，九成以上的美国人把 Wi-Fi 读作"歪 fai"，但同时，确实有 8.12% 的美国人，把它读成"微肥"。

所以，千万别以为只有中国人会纠结于"QQ"到底读"扣扣""秋秋"还是"圈圈"，即便是天天讲英语的美国人，面对这些新的科技名词时，发音依然千奇百怪。

除了 Wi-Fi，类似的例子还有网络动图 "gif"。一派美国人读成 "给夫特（gift，意思是礼物）"，另一派则读成 "姐夫"，两派的比例分别占50% 和 40%，旗鼓相当。

eBay 此次一共调查了 1100 名 18~45 岁的美国人，发现他们不但对不同的科技名词有不同的读音，甚至在描述同一件科技产品时，都会使用不同的英文单词。比方说最常见的手机，有 58.8% 的美国人把它叫作 "cell phone"（蜂窝电话），这是因为手机最初使用的是蜂窝通信网络；有 18.7% 的美国人则直接简称 "cell"；15.1% 的美国人直接把手机叫 "phone"；愿意用全称 "mobile phone"（移动电话）的，只有 5%。

# 电话在中国的趣史

刘善龄

## 1877 年，最早打电话的中国人

电话，中国人最初称德律风，就是英语 telephone 的音译。电话的发明者贝尔，生于英国，1869 年应邀到美国波士顿大学教授声学，1876 年2 月他首次进行电话试验，隔着几间房间，他对自己的助手说："沃森先生，过来帮我啊！"这就是用电话传送的第一句话。贝尔的电话首先在纪念美国独立一百周年的费城博览会上展出，前来参观的巴西皇帝佩德罗二世放下听筒，大声叫喊说："它在说话呢！"

清朝第一任驻英国公使郭嵩焘在贝尔发明电话的当年到达伦敦。英国爱丁堡是贝尔的家乡。光绪三年九月初十（1877 年 10 月 16 日）郭嵩焘受厂主毕蒂邀请访问了他在伦敦附近的电气厂办公地，毕蒂特意请他来参观刚发明不久的电话，郭嵩焘当时的日记称之为"声报机器"。毕蒂将电话安置在相距约十丈的楼上和楼下的两间屋内。毕蒂请公使和他的随从张德彝亲自尝试打电话，张德彝去楼下，郭嵩焘在楼上与其通话。（郭）"问在初（张德彝）：'你听闻乎？'曰：'听闻。''你知觉乎？'曰：'知觉。''请数数目字。'曰：'一、二、三、四、五、六、七。'"郭嵩焘在当天的日记里写道，"其语言多者亦多不能明，惟此数者分明。"看来那台电话传声不很清晰。虽然初次打电话效果不尽如人意，但郭嵩焘和张德彝的那次通话，在中国人的历史上也算是第一次。

## 1881 年，上海就有了电话

上海是世界上最早拥有电话的城市之一。

光绪七年（1881 年）丹麦大北电报公司在上海公共租界埋电杆，装设电话 25 家。光绪八年大北电报公司又在外滩创设第一家电话局。这一年又有英国人皮晓浦（又译毕晓普）在租界试行电话。黄式权《淞南梦影录》记载此事云："其初有英人皮晓浦在租界试行，分设南北二局，南在十六铺，北在正丰街（今广东路中段）。"

"其法沿途竖立木杆，上系铅线二条，与电报无异。惟其中机括，则迥不相同，传递之法，不用字母拼装，只须向线端传语，无异一室晤言。据云十二点钟内，可传遍地球五大洲。"

"盖藉电通流，故能迅速若此也。"但黄式权不知德律风（telephone）原意是远距离传声，还以为是"由欧人名德律风者所创，故即以其名名之云"。

## 1921 年，北京紫禁城才安上电话

直隶总督在光绪年间用上了电话，但电话机安进紫禁城已经是 1922 年（民国十年）。溥仪在《我的前半生》中回忆说："我 15 岁那年，有一次听庄士敦讲起电话的作用，动了我的好奇心，后来听溥杰说北府（当时称我父亲住的地方）里也有了这个玩艺儿，我就叫内务府给我在养心殿里也安上一个。内务府大臣绍英听了我的吩咐，简直脸上变了色……第二天师傅们一齐向我劝导：'这是祖制向来没有的事，安上电话，什么人都可以跟皇上说话了，祖宗也没有这样干过……这些西洋奇技淫巧，祖宗是不用的……''外界随意打电话，冒犯了天颜，那岂不有失尊严？''我连这点自由也没有？"

"不行，我就是要安！'"

宫里的电话安上了。电话局又送来电话本，溥仪看到京剧名角杨小楼的电话号码，对话筒叫了号，一听对方回答的声音，就学京剧里的道白腔调念道："来者可是杨——小——楼啊？"对方哈哈大笑问："您是谁呀？"溥仪连忙把电话挂上了。同样的玩笑他还和杂技演员徐狗子开过，又给东兴楼饭庄打电话，冒充一个什么宅子，叫他们送一桌上等酒席。也是用电话，溥仪约见了"白话文运动"的干将胡适。

## 1938 年，蒋介石还不会拨电话号码

20 世纪 30 年代，拨打号码的自动电话取代了人工接线的电话。南京约在 1929 年从美国购置了 5000 门自动电话机，实现了更新换代。上海、香港到 1930 年也用上有号码拨盘的话机。使用自动电话，先要听一下有无"蝉鸣声"，如果没有，说明线路畅通，才能拨号。但据王正元《为蒋

介石接电话十二年》一书说：蒋介石直到 1937 年还不习惯自己拨号码打电话。1938 年蒋介石住在武汉，那里的电话号码是 5 位，但他老先生有时仅拨 4 位，或拨"8""9"时没有到位就松了手，这样打不是错就是不通。所以为了打不通电话，蒋介石经常发脾气，有一次甚至要把武汉电话局局长叫来，吓得一班负责通讯的官员不知出了什么事。蒋介石到重庆后，电话局索性在他的官邸都装上西门子手摇式电话，先由总机的接话员拨号接通，然后再摇蒋的电话。蒋介石无论打给谁的电话都要别人拿着话筒等他，所以一拿起听筒他就开始说话。例如，他要接何应钦，接通后立即就说："敬之兄吗？"

蒋介石打电话的这些习惯，不知拍电影、电视的人有没有注意。

100 余年后的今天，电话才成了都市百姓家中寻常的通信工具，而且正以迅猛的速度进入越来越多的城乡人民的家庭。据西门子公司最新统计，到 1993 年底全世界拥有电话 6.1 亿门，按国家计算，美国以 1.48 亿门居榜首；按增长率来算，1993 年中国新增电话 5800 万门，增长率达到 50%，居世界第一。

# Google 是否让我们越变越傻

康　慨

"戴夫，停下。停下好吗？停下，戴夫。你能停下吗，戴夫？"

这个著名的场景出现在库布里克的电影《2001 太空漫游》的片尾：超级电脑 HAL 恳求宇航员戴夫·鲍曼手下留情，放他一条生路。由于电脑故障，戴夫被送入茫茫太空，前路未卜，目的地不明，只好"视死如不归"。最后，他对 HAL 下了手，平静而冷酷地切断了它的内存（记忆体）电路。

"戴夫，我的思想要没了。"HAL 绝望地说，"我感觉得到，我感觉得到。"

一

当尼古拉斯·G.卡尔想起 HAL 的哀号，不由得脸皮有些酥麻，手脚略感冰凉。

"我也感觉得到。"他说。卡尔在 2008 年 7—8 月号的《大西洋月刊》上撰文，以《谷歌是否让我们越变越傻》为题，痛苦地剖析自己和互联网一代的大脑退化历程。

"过去几年来，我老有一种不祥之感，觉得有什么人，或什么东西，一直在我脑袋里鼓捣个不停，重绘我的'脑电图'，重写我的'脑内存'。"他写道，"我的思想倒没跑掉——到目前为止我还能这么说，但它正在改变，我不再用过去的方式来思考了。"

他注意到，过去读一本书或一篇长文章时，总是不费什么劲儿，脑袋瓜子就专注地跟着其中的叙述或论点转个没完。可如今这都不灵了。"现在，往往读过了两三页，我的注意力就飘走了。我好烦，思绪断了，开始找别的事儿干。"他总想把心收回来，好好看会儿书。

投入地阅读在以往是自然而然的事，如今却成了一场战斗。

卡尔找到了原因。过去这十多年来，他在网上花了好多时间，在互联网的信息汪洋中冲浪、搜寻。对作家而言，网络就像个天上掉下来的聚宝盆，过去要在书堆里花上好几天做的研究，现在几分钟就搞定。

谷歌几下，动两下鼠标，一切就都有了。即便不工作的时候，他也很可能是在网络密林里"觅食"：要么读、写电邮，浏览新闻标题和博客，看视频节目，听播客；要么就一个链接一个链接地瞎转悠。

"对我来说是这样，"卡尔写道，"对别人也是如此，网络正在变成一种万有媒介、一种管道，经由它，信息流过我的眼、耳，进入我的思想。"

信息太丰富了，我们受用不尽，也不忘感恩戴德，却往往忽视了要付出的代价。正如麦克卢汉所说，媒体可不仅仅是被动的信息渠道，它们提供思考的原料，但同时也在定义着思考的过程！"网络似乎粉碎了我专注与沉思的能力。现如今，我的脑袋就盼着以网络提供信息的方式来获取信息：飞快的微粒运动。"卡尔说，"过去我是个深海潜水者，现在我好像踩着滑水板，从海面上飞驰而过。"

## 二

卡尔不是唯一一个遇到此种问题的人。他向朋友们倾诉，竟然得到许多共鸣。在网上，也有人遇到同样的麻烦。一位名叫斯科特·卡普的公开承认，他已完全放弃了读书。"这是咋了？"卡普写道，"我在大学时主修文学，一度是个大书虫。"他力图找到原因。但与其说是在网上读的太多，不如说是阅读的方式已经改变。"我到底只是求个方便，还是我'思考'的方式变了呢？"

长期在密歇根医学院任教的布鲁斯·弗里德曼，早些时候也在自己的博客上写道互联网如何改变了他的思维习惯。"现在我几乎完全丧失了阅读稍长些文章的能力，不管是在网上，还是在纸上。"

他在电话里告诉卡尔，他的思维呈现出一种"碎读"（staccato）特性，源自上网快速浏览大量短文的习惯。"我再也读不了《战争与和平》了。"弗里德曼承认，"我失去了这种本事。即便是一篇博客，超过了三四段，也难以下咽，我瞅一眼就跑。"

伦敦大学学院用 5 年时间，做了一个网络研读习惯的研究。学者以两个学术网站为对象——它们均提供电子期刊、电子书及其他文字信息的在线阅读，分析它们的浏览记录，结果发现，读者大多"一掠而过"，忙于一篇又一篇地浏览，极少回看已经访问过的文章。他们打开一篇文章或一本书，通常读上一两页，便"蹦"到另一个地方去了。有时他们会把文章保存下来，但没有证据显示他们日后确曾回头再读。

报告说："很明显，用户不是在以传统方式进行在线阅读，相反，一种新阅读方式的迹象已经出现：用户们在标题、内容页和摘要之间进行着一视同仁的'海量浏览'，以求快速得到结果。这几乎可被视为，他们上网正是为了回避传统意义上的阅读。"

三

互联网改变的不仅是我们的阅读方式，或许还有我们的思维方式，甚至自我意识。塔夫茨大学的心理学家、《普鲁斯特与鱿鱼：阅读思维的科学与故事》一书的作者玛雅妮·沃尔夫说："我们并非只由阅读的内容定义，我们也被我们阅读的方式所定义。"她担心，将"效率"和"直接"置于一切之上的新阅读风格，或许会降低我们进行深度阅读的能力。几百年前的印刷术，令阅读长且复杂的作品成为家常之事，如今的互联网技术莫非使它退回了又短又简单的中世纪？沃尔夫说，上网阅读时，我们充其量只是一台"信息解码器"，而我们专注地进行深度阅读时所形成的那种理解文本的能力、那种丰富的精神联想，在很大程度上都流失掉了。

沃尔夫认为，阅读并非人类与生俱来的技巧，不像说话那样融入我们的基因。我们得训练自己的大脑，让它学会如何将我们所看到的字符译解成自己可以理解的语言。

1882年，尼采买了台打字机。此时的他，视力下降得厉害，盯着纸看的时间长了，他会感到十分痛苦，动不动头疼得要死，他担心会被迫停止写作。但打字机救了他。他终于熟能生巧，闭着眼睛也能打字——盲打。然而，新机器也使其作品的风格发生了微妙的变化。他的一个作曲家朋友为此写信给他，还说自己写曲子时，风格经常因纸和笔的特性不同而改变。

"您说得对，"尼采复信道，"我们的写作工具渗入了我们的思想。"

刘 宏 图

德国媒体学者弗里德里希·基特勒则认为，改用打字机后，尼采的文风"从争辩变成了格言，从思索变成了一语双关，从繁琐论证变成了电报式的风格"。

卡尔引用神经学家的观点，证明成年人的大脑仍然颇具可塑性，而历史上机械钟表和地图的发明，同样说明了人类如何因此改变了对时间与空间的思维。互联网正是今日的钟表与地图。

四

网络的影响远远超出了电脑屏幕的界限。当人们的思维方式适应了互联网媒体的大拼盘范式后，传统媒体也会做出改变，以迎合读者或观众的新愿望。电视节目加入了滚动字幕和不断跳出的小广告，报刊则缩短其文章的长度，引入一小块一小块的摘要，在版面上堆砌各种易于浏览的零碎信息。《纽约时报》决定将其第 2 版和第 3 版改为内容精粹，以使忙碌的读者可以快速"品尝"新闻。

"没有哪种沟通系统能像互联网今日所为，在我们的生活中发挥如此众多的作用——或者对我们的思维模式产生如此广泛的影响。"卡尔写道。

谷歌首席执行官埃里克·施密特说，该公司致力于将"一切系统化"。谷歌还宣布，其使命是"将全世界的信息组织起来，使之随处可得，并且有用"。通过开发"完美的搜索引擎"，让它能够"准确领会你的意图，并精确地回馈给你所要的东西"。问题是，它会使我们越变越蠢吗？

"我感觉得到，我感觉得到。"卡尔最后说，库布里克黑色预言的实质在于：当我们依赖电脑作为理解世界的媒介时，它就会成为我们自己的思想。

# VR 将怎样改变我们的生活

夏　斌

　　戴上一个特制头盔，你就可以"身临其境"地站在火星上，直观感受这颗星球；在房地产交易中，它可以立体呈现公寓房，让买家对室内状况一目了然，而无须每次都去实地看房；它还可以构建一个虚拟机舱，加入飞机颠簸等体验，帮助特定人群减缓飞行恐惧感……这些听上去不可思议的场景，都可以借助"虚拟现实（VR）"技术得以实现。那么，VR 到底是什么？它将怎样改变我们的生活？

## 720° 全景无死角

　　VR，是英文 Virtual Reality 的简称，意为虚拟现实。这种新兴技术能利用计算机图形系统和各种接口设备，包括数据手套、眼球跟踪装置、超声波头部跟踪器、摄录像设备、语音识别与合成等，生成可交互的、提供沉浸感觉的三维世界。

与 3D 的"视觉欺骗"不同，VR 不仅能让用户完全融入虚拟环境，真假难分，还能捕捉用户的意图、举动，及时进行调整和互动。报告显示，中国的 VR 潜在用户达 2.86 亿。预计到 2020 年，VR 市场规模有望超过 550 亿元。

VR 应用系统一般分为三个部分：

一是体感输入，通过数据手套、摄像头等捕捉人的手、头等肢体姿态。

二是虚拟三维场景。VR 与 3D 最直观的区别就在于，VR 实现了 720° 全景无死角。720° 全景，即指在水平 360° 的基础上，增加垂直 360° 的范围，能看到"天"和"地"的全景。

三是显示与反馈。使用屏幕或投影将虚拟场景显示出来，并通过多自由度运动平台等反馈力量和运动。其中，最有意思的是触觉反馈，当使用者玩射击游戏时穿上一件 VR 护具，它能够模拟出中弹的感觉。

### "坐到"赛车手的位置

从目前的情况来看，VR 主要有六大应用领域，分别是娱乐社交、医疗保健、销售、教育、工程设计和军事训练。

基于游戏、赛事、影音直播的娱乐应用，是 VR 大展身手的主要场地。美国娱乐软件协会的调查显示，约 40% 的重度游戏玩家表示，未来一年内很可能会购买 VR 头戴设备。吸引他们的主要原因是，通过全景式的场景制作，头戴显示设备、各种传感器和辅助设备，玩家可以前所未有地融入游戏当中。

体育将是 VR 进军的下一个重要领域。媒体的 VR 项目试图让人融入赛事现场，完美地体验原本新闻记者试图用文字、图片和视频信号来表达的东西。运动汽车竞赛协会利用 VR 技术让观众"坐到"赛车手的位置，享受同样刺激的竞速乐趣。

未来，电影也会因 VR 而变得大不同。一方面，观众可以 360° 视角看电影，甚至能从演员的视角来看电影；另一方面，电影将因此衍生多条情节支线、多个结局，交由观众自行去发掘。此外，VR 热潮还将逐渐深入旅游市场。例如，游客可以通过 VR 技术来体验乘坐直升机在纽约上空翱翔的感觉。

## 诊治多种心理疾病

戴上 VR 眼镜，医学生可以把心脏"捧"在手中仔细观察，或者拿起手术刀练习解剖……第 75 届中国国际医疗器械（春季）博览会上，涌现了不少用于改善医疗培训和诊断的 VR 技术。

VR 技术在医疗中的应用，始于 20 世纪 90 年代。当时，医生利用相关技术帮助心理紊乱的病人。例如，如果某个患者有蜘蛛恐惧症，就可以利用 VR 技术在他面前展示一只虚拟的蜘蛛。患者可以用虚拟手去触摸它，从而慢慢地适应与蜘蛛接触的感觉，最后在现实生活中消除对蜘蛛的恐惧感。专家预计，随着 VR 技术的发展，恐惧症、抑郁症和焦虑症等心理疾病有望得到更好的治疗。

军事训练也是 VR 技术将进入的一大领域。它能模拟跳伞过程中的视觉、听觉、触觉等因素。新兵戴上头显设备、身穿电脑控制的背带系统，结合软件程序的模拟，不仅可以看到虚拟的天空，还可以模拟各种技术动作。

未来，利用 VR 技术进行远程对话时，可以有眼神乃至肢体感触，具有强烈的真实感。这样的真实感受,还有助于解决一些销售体验的缺失,如打造可试衣的虚拟试衣间。

## 工业 4.0 的支撑技术

"VR 技术是工业 4.0 的主要支撑技术之一,是现代制造业产品创新设计的先进手段。"南京理工大学教授陈钱认为,将 VR 应用于工程设计,可以有效解决复杂系统结构的高危、高成本等难题。例如,设计师可把产品以模型形式放在 VR 世界里进行测试并收集市场反馈,从而减少产品开发时间,降低开发成本。

在南京理工大学工程训练中心,一个长 9 米、高 3 米的超大屏幕颇为显眼。学生们只需戴上 VR 头盔,一个逼真、立体的发动机就会呈现在眼前。如果要了解发动机的内部结构,只需动动手中的交互手柄,就可以对发动机进行拆解,内部的每一个零件结构都会清晰地呈现在大家面前。同时,每个结构都可以放大也可以缩小,甚至可以进行360°的观看。

## 勿混淆虚拟和现实

长远来看,VR 产品将变得像太阳镜一样轻便。届时,可以把多个设备整合成一款产品,从而取代手机和电脑。但眼下来看,技术和内容上的不足,直接制约了 VR 的普及。

VR 软件研发工程师王景隆指出,现阶段 VR 技术的主要难点在于屏幕分辨率不够,即便在 2K 显示器中仍有明显的颗粒感,致使用户体验的沉浸感较差,并可能产生眩晕;头盔便携性较差,暂时难以摆脱用线等。

同时,VR 技术在游戏和影视娱乐领域的应用,还面临一个"鸡和蛋"的窘境:如果 VR 硬件保有量不高,开发者对 VR 内容和应用的开发将持谨慎态度；VR 内容和应用匮乏，反过来又将影响 VR 硬件的普及速度。

此外，VR 与各行各业的结合，还可能带来一些伦理和哲学困惑。如夹杂着血腥、色情片段的 VR 电影，可能对人的神经、心理造成冲击。家长还不免担心：普通的 2D、3D 游戏，比如斗地主、CS 都能让不少青少年沉迷其中而无法自控，更别提 VR 游戏了。

总之，VR 技术可能会提升、改变人类生活，但其长远影响值得慎重研判。一个基本准则应当明确，即避免现实生活与虚拟生活的混淆。

# 版本升级

郭　燕　编译

技术支持：

　　你好。去年我"男友5.0"升级成"老公1.0"后，发现整个系统的运行速度明显下降，特别是在鲜花和珠宝首饰程序的应用方面，而此前它的运行无可挑剔。另外，"老公1.0"还卸载了其他重要程序，如"浪漫9.5"和"体贴6.5"，而擅自安装了我不想要的程序，如"篮球9.5""足球3.0""高尔夫4.1"。"沟通8.0"也不像以前那样灵活了，"家务2.6"程序则面临崩溃。我装了"唠叨5.3"，试图去对付这些问题，但是没有效果。请告诉我，如何解决这个问题？

　　　　　　　　　　　　　　　　　　　几乎绝望的用户

亲爱的用户：

首先请你弄明白，"男友5.0"是娱乐软件，但是"老公1.0"是操作系统。请在命令状态输入"你现在是不是不爱我了"，之后安装"眼泪6.2"，再升级"内疚感3.0"。这样，如果程序运行的话，"老公1.0"会自动运行"珠宝2.0"和"鲜花3.5"。尽管如此，也不要过度使用，否则将导致"老公1.0"把"沉默2.5"或者"啤酒6.1"设置为默认程序。你要知道，"啤酒6.1"是个很坏的程序，它将自动下载放屁和高分贝打鼾的音频文件。

无论如何，千万不要安装"婆婆1.0"，因为它会在后台启动一种病毒，从而最终控制你的所有系统资源。此外，也不要重新安装别的"男友5.0"软件，这些都不会给你带来帮助，甚至可能会导致"老公1.0"的崩溃。

总之，"老公1.0"是一个不错的系统，只是它的内存有限，不能很快地适应新软件。若想提高它的性能，你可以考虑添加辅助软件，我们推荐"烹饪3.0"。


祝你好运！
永远的技术支持

# 被微信撕碎的生活

胡珉琦

2014 年，我们在微信中醒来，在微信中睡去，在微信中挤地铁，在微信中工作，在微信中吃饭，在微信中旅行。我们舍不得错过每一条朋友圈的新鲜事，每一个社会话题或者明星八卦。

微信原本是用来填补碎片时间的工具，到头来却无情地撕碎了我们的生活。

## 为朋友圈而活

2014 年微信应用产业峰会给出的数据显示，截至 2014 年 7 月底，微信月活跃用户数已接近 4 亿。

在中国社会科学院新闻与传播研究所副研究员、《新闻与传播研究》

副主编刘瑞生看来，微信热并不奇怪。

微信是完全基于移动网络的社交工具，而它的用户基础又来自数量庞大的 QQ 用户以及手机通讯录，高黏度是它的特性。因此，用户也更容易形成圈子性的交往。

相较而言，微博主要是一个被意见领袖所主导的传播形态，它更像是一个舆情热点的发布平台。

"正是因为微信是一种强关系的链接，人们在微信上发布消息，往往希望获得一些反馈，无论是点赞还是评价。"中科院心理所教授、副研究员祝卓宏说，"响应的人越多，刺激的强度越大，就会逐渐形成所谓的操作性条件反射，从而强化这种行为。"

典型的例子：无论饭前饭后都必须照相的，刮风下雨都要自拍的，看到名牌就要合影的……如果这还不算什么，那么，上海交通大学科学史与科学文化研究院院长江晓原记忆中的一段旅行经历，则让人不得不感叹朋友圈里的"本末倒置"。

当一群朋友到纽约大都会博物馆参观，从进门起，同行的一个伙伴便连连抱怨 Wi-Fi 问题，一路都在"整治"，当 Wi-Fi 终于连上，他第一时间就是拍照并上传到朋友圈。

那一刻，谁说不是在"为朋友圈而活"。

如今，随着微信用户数量的增长，朋友圈也开始迅速膨胀，随之而来的是各种代购信息、心灵鸡汤、养生秘籍，不堪其扰。

种种被朋友圈绑架的行为，让"逃离朋友圈"的行动悄然兴起。

对此，祝卓宏认为，自我觉察非常重要。必须意识到，刷屏的行为是否真实地影响了自己的工作和生活，如果是，就需要进行控制和管理。

## 碎片化时代的争议

除了朋友圈，随着微信的流行，公众账号如雨后春笋般层出不穷。

人们所接收的信息从来没有像今天这样，以高度碎片化的形式出现。

刘瑞生认为，这对传统阅读模式的冲击是不可避免的。"在一个信息社会，信息的碎片化就是一种潮流。"对此，人们的评价始终褒贬不一。

脑科学得出的一种结论是，这种形式会严重分散人的注意力。研究显示，大脑前额叶处理问题的习惯倾向于每次只处理一个任务。多任务切换，只会消耗更多脑力，增加认知负荷。因此，有科学家相信，这种"浅尝辄止"的方式，会使大脑在参与信息处理的过程中变得更加"肤浅"。

在坚定地反对这种"快阅读"的队伍中，美国埃默里大学英语教授马克·鲍尔莱因是一位代表性人物。他所著的《最愚蠢的一代》一时间冒犯了诸多年轻人。

在他看来，互联网的危险在于，它提供的知识与信息资源过于丰富，让人们以为再也不需要将这些知识与信息内化为自己的东西。

江晓原说："我对人类的总体智慧是有信心的。但至少在一部分人那里，碎片化的阅读会'矮化'他们的文化。这是因为，他们已经没有耐心和习惯去阅读一本书籍，甚至是一篇长文。而文化是思想的产物，它需要创造者付出时间和专注力。"

也许有人会质疑，在没有数字阅读的时代，我们身边又有多少人去选择阅读经典？但江晓原认为，每个人拥有的时间是有限的，当你无止境地将它贡献给网络信息，客观上还是付出了巨大的机会成本。

不过，哈佛大学法学院教授约翰·帕尔弗并不这么看，他认为这些假设很可能是错的，因为他们低估了年轻人在网络上获取知识的深度。

他们也错过了一个重要的特征，那就是"数字一代"如何感受新闻：用建设性的方法与信息互动。

## 不必害怕被时代"抛弃"

韩寒曾写道：身边的碎片越来越多，什么都是来得快去得快，多睡几个小时就感觉和世界脱节了，关机一天就以为被人类抛弃了……江晓原认为，网络时代，人们的"疯狂"并不是真正源于对信息的渴求，而是害怕被"out"。

你知道"同辈压力"吗？就是朋友之间要做同样的事情，说同样的话，穿同样的衣服，遵循同样的规则。

2014年冬天，韩剧《来自星星的你》火遍全中国，朋友圈中讨论着各种相关的话题。根本用不着推荐，因为周围人几乎都在观看。

那时候，如果你不知道"都教授"，恐怕就没什么可聊的了。

"这种为了资本增值而创造的信息，我不认为它有任何价值。"江晓原的观点在有些人看来可能过于"极端"。但也许可以迫使我们思考，什么对于我们而言才是最重要的。

一位美国创业家曾说过：我们处在一个对信息遗漏恐惧的时代，每个人都害怕自己会错过些什么。我们担心就在眨眼的那一刻，一个大机会就溜走了。但生活是很长的，你完全可以消失几周，变得"无用"几周，这样带来的影响反而让你更加成功。

相反，真正可怕的是，因为害怕这种错过，急于想要跟上时代的节奏，而乱了自己的步伐。

### 你真的会驾驭技术吗

关于网络时代的争论，归根结底是要提醒用户：你是否能将这种技术驾驭得很好。一方面如何避免科技设下的"陷阱"，另一方面如何恰到好处地在原本没有使用技术的地方使用它。

第十次全国国民阅读调查结果显示：45.4%的人因为"方便随时随地阅读"而选择数字化阅读方式；其次，31.1%的国民因为"信息量大"而选择数字阅读。

新媒体能够满足人们对于信息的需求，这是不可否认的。但是，它无法代替诵读经典所能带给我们的心灵上的收获。刘瑞生认为，新媒体只是丰富了我们的阅读方式，但不会彻底颠覆我们的阅读习惯。

微信仅仅是用来填补碎片时间的工具，大块的时间仍然是应该用来正经地工作、学习以及阅读严肃作品。

事实上，有阅读习惯的人并不会放弃深度阅读的时间。刘瑞生坦言，没有统计数据显示，国际上互联网最为发达的国家的国民年人均读书量在下降。

在他看来，靠改变媒体传播形式并不能从根本上解决国民阅读缺失的问题。"从社会文化和教育层面，从小培养孩子的阅读习惯，恐怕更为迫切。"

江晓原告诉记者，美国一项社会调查显示，低学历家庭的孩子平均每天的上网时间要多于高学历家庭的孩子。这也引发了社会担忧，前者更容易受到技术所带来的负面影响，而后者因为具备更好的识别能力，更懂得趋利避害，这可能使贫富差距进一步扩大。

"我们并不是要反对新媒体，而是必须时常反思，并对此保持警惕。无论何时，人类都不能被技术所主宰。"

# 那一年究竟发生了什么

[美]托马斯·弗里德曼

符荆捷　朱映臻　崔　艺　译

　　约翰·多尔是风险投资界的传奇人物。他曾经成功地投资了网景、谷歌和亚马逊。2007年的一天，他和他的邻居兼朋友乔布斯在一所学校里观看乔布斯女儿的足球赛。赛事有些无聊，乔布斯对多尔说要给他看样东西。多尔永远忘不了他第一眼看到那部手机的情景。

　　"史蒂夫把手伸进牛仔裤口袋，拿出第一代 iPhone。"多尔回忆道，"然后他说：'约翰，这个东西几乎要把我的公司弄破产了。这是我们做过的最困难的事。'于是我问他这个手机能做什么。史蒂夫说：'这台手机有5个不同的移动频段，具有极强的处理能力、极高的随机存储能力以及高达数G比特的闪存空间。这台手机没有任何按键，将通过软件实现一切。'"

2007 年不仅出现了 iPhone，还有一大批公司在那一年前后创建。这些新的公司重塑了人与机器沟通、创造、协作和思考的方式。2007 年，得益于一家名为哈度普的公司，计算机的存储能力发生了爆炸式增长，使"大数据"成为可能。2007 年，谷歌推出安卓系统，这是一个开源的手机操作系统，日后将成为苹果 iOS 操作系统的竞争对手，并帮助智能手机在全球范围内迅速扩张。2007 年，亚马逊公司发布了一款叫 Kindle 的产品，用这台机器，加上高通公司的 3G 技术，你可以在一眨眼的工夫里下载上千本书籍，这引发了一场电子书革命。还是 2007 年，大卫·费鲁奇和他的团队开始建造一台名为"沃森"的具有认知能力的机器人，它是第一台具有认知能力的计算机，它将机器学习与人工智能结合在一起。

技术的进步总是通过突然的重大飞跃而实现。这些在 2007 年诞生的科技成果引发了有史以来最大的一次技术飞跃。它具备一整套新的能力，去连接、协作和创造生活、商业的方方面面。突然之间，越来越多的东西变得可以数字化，电子产品的存储能力得到大幅提升，可以容纳所有这些数据。计算机处理速度越来越快、软件创新日新月异，从而能够从这些数据中得出精准的分析和判断，并且越来越多的机构和个人可以获取这些结论，或者对其做出贡献——无论身在何处，只要他们手中拿着一台智能手机。

在科技发展的推动下，世界不仅在发生快速的变化，而且正在进行剧烈的重构，它开始以一种截然不同的方式运行。这种剧烈变化发生在许多领域，而且是同时发生。这种变化的加速发生与我们自身的适应能力之间出现了不匹配。这种适应能力包括我们开发学习系统、培训系统、管理系统、社会安全保障网以及政府监管体系，以使人们能够从这些加

Steve Jobs

邝　飚　图

速中获得最大收益，并缓冲这些变化对人们造成恶性冲击的能力。这种不匹配，是今天发达国家和发展中国家出现政治和社会动荡的根源。这是世界各国都要面对的重要治理挑战。

关于这种现象，我们可以画一幅极具启发性的曲线图。想象一个坐标轴上有两条线。Y 轴记录"变化发生的速度"，X 轴记录"时间"。第一条曲线刚开始非常平缓，缓慢抬升，但后来斜率变大，曲线朝着右上方极速攀升，这条线代表了科学的进步。

1000 年前，科技进步曲线爬升得非常缓慢，要让世界的面貌焕然一新、让人们感觉到截然不同，可能需要 100 年的时间。但是，到了 20 世纪，科学与技术的进步开始加速，重大科技创新的出现周期缩短到 20~30 年。比如汽车和飞机，只用了 20 多年的时间就大行于世。接着，科技进步曲线的斜率越来越大。这一时期发生的变化是移动设备、宽带接入能力以及云计算同时出现。到了 2016 年，这一周期已经缩短到 5~7 年。

第二条线是一条与科学进步曲线相竞争的直线。以前这条直线一直位于科学进步曲线的上方，并以缓慢的速度攀升。它代表人类——个人与社会——对环境变化的适应能力的增长。1000 年前，人类可能需要两代人到三代人的时间才能适应新的东西。到 20 世纪初，适应变化的时间缩短到一代人。现在，我们习惯一样新的事物只需要 10~15 年。

但是，这还不够好。今天，科技进步的速度已经超过普通人和社会组织的适应能力的提升速度。曲线图中有一个点，这个点位于我们的适应直线上方——我们就在这里。这个点揭示了一个非常重要的事实：尽管人类已经逐渐适应了变化，但科技仍在加速发展，已超出大多数人能够适应的平均水平。我们中的许多人已无法跟上科技进步的脚步。这就给我们带来了文化焦虑，也妨碍了我们充分利用这些日新月异的新科技……内燃机发明之后，在街道被大规模生产的汽车淹没之前，我们就制定了交通法规加以规范。直到今天，这些法规中的许多具体内容仍然有用。在一个多世纪里，我们有充足的时间对其进行调整，使其适应新的发明，例如高速公路。但是今天，科学进步对我们的交通方式造成了剧烈冲击，我们的立法机构和市政机构手忙脚乱、疲于应对。智能手机催生了"优步"，我们还没有搞清楚如何管理共享乘车行为，无人驾驶技术就会让这些监管措施变得过时。

这是一个实实在在的问题。当"快"变得更快,适应得稍微"慢"一点,就会让你变得更慢,并且迷失方向。

现在,我们需要 10~15 年的时间才能理解一项新的技术并制定监管措施,但科技每 5~7 年就会更新换代。我们该怎么办? 这是许多领域都要面对的问题。

以专利体系为例,现行专利体系是为变化速度较慢的社会设立的。标准的专利申请是这样的:专利机构将授予你一项思想垄断权,为期 20 年——通常还要减去颁发专利所耗费的时间。他人将在专利过期后获得相关的信息。但是,如果新技术在 4~5 年之后就过时了呢? 这就让现行专利制度在科技领域变得落伍了。

另一个重大挑战是我们的教育方式。我们在儿童和青少年时期通常会接受 12 年甚至更长时间的教育,接下来就不用学习了。但是,当改变的速度变得如此之快时,保持终身工作能力的唯一办法就是终身学习。

这就是我们今天所感受到的:创新的周期越来越短,学习和适应的时间越来越少。这就是间歇性失衡和持续性失衡之间的区别。静态稳定的时代已经离我们远去,但这并不意味着我们无法获得一种新的稳定。这种新的稳定必须是一种动态的稳定。就像骑自行车,你不能停止不动,但是当你开始运动时,它就会变得很简单。这不是我们自然的状态,但是人类必须学会在这种状态下生存。

我们都必须学会"骑自行车"。

# "低头族"，你错过了什么

王稀君

人们越来越喜欢在真实世界里伪装自己，却又选择在虚拟世界里表达真实的自我。"低头族"现象的兴起，反衬出的是人们对于现实的某种逃避与冷漠。

世界各地智能手机普及之处，地铁里、公交车上、工作会议上、课堂上、餐桌上、排队时，甚至驾车时，总有很多人低着头，手里拿着手机或是平板电脑，手指在触摸屏上来回滑动，所有的注意力都集中在手中发亮的方寸屏幕，对身边的世界漠不关心——他们就是传说中的"低头族"。英文称之为"Phubbing"，由phone（手机）与snub（冷落）组合而成，传达出因专注于手机而冷落周围人的行为。

### 看手机的"盲人"

对绝大多数低头族而言，也许冷落他人并非本意，但这样的无心之举可能带来致命的后果。

旧金山轻轨车厢里发生的一起枪击案因为手机受到关注。光天化日之下，凶手在地铁车厢里枪杀一名素不相识的大学生。警方调出事发时的监控录像显示，车厢内一名失去理智的男子突然掏出手枪不停挥舞。可站在他身边的几名乘客，由于只顾低头忙着玩手机或平板电脑，完全没有注意到危险的存在，直到该名男子最后扣动扳机酿成命案。

同样，发生在中国"低头族"身上的悲剧也不少。一名湖北十堰的17岁女生与同伴外出聚餐时，一边走路一边玩手机，不幸一脚踩空，跌入十五六米的深坑不幸身亡。南京一名男子在经过火车道口时，由于低头专注看手机，连火车的鸣笛声都没听到。行驶过来的火车与该男子贴身而过，他受惊倒地，幸好没有受伤。这次事故也导致火车被逼停，在现场停留了18分钟。

美国"生活科学"网站指出，"低头族"的出现，凸显了人们由于过度依赖手机等电子设备而忽略了自己和他人的生活的现实。

2009年，西华盛顿大学心理学教授艾勒·海曼在大学校园里做了这样一个实验，他让一个小丑骑着马戏团的独轮车在校园里"招摇过市"，正在看手机的行人中，只有25%的人注意到了小丑的存在。在发布于《应用认知心理学》上的一篇文章中，海曼将这种现象称为"非注意盲视"。

### 科技带来享受，也带来"副作用"

为什么有越来越多的人会忽略真实世界的存在，转而沉迷于小小屏幕中的虚拟世界？应该说，"低头族"的形成是科技发展与人类需求共同作用的产物。

随着全球移动互联网 3G 时代的到来，移动网络速率和质量的大幅度提升，促进了 3G 手机终端的迅猛发展。于是，以 iPhone 为代表的智能手机引领了一场通信革命，与此同时，新型社交媒体与移动终端紧密结合，人与人沟通交流的渠道在时间和空间上都被急剧压缩。

在经典的"六度空间"理论中，你与任何一个陌生人之间所间隔的人不会超过 6 个。如今，你与名人的距离仅仅是一个推特账号。移动网络和终端软硬件的发展史无前例地改变了人们的社交模式和生活习惯。

在快节奏的生活中，人们的时间被工作、应酬、聚会所占据，剩下的只有零散的时间。而移动终端上碎片化的信息刚好满足了人们的这一需求，其社交功能满足了人们随时随地与他人沟通交流的愿望，也为自我展示提供了最佳的平台。

从社会发展的角度来看，移动终端的普及是科技引领社会进步的一大体现。然而，充分享受人类科技进步的成果也意味着要承担副作用的代价，那就是过度依赖和沉溺其中。"低头族"也由此应运而生。

### 人类因手机而"退化"？

好莱坞动画大片《机器人总动员》中，描述了公元 2700 年的"低头族"：那时的人类文明高度发达，但由于过度依赖智能设备，人们都变成四体不勤的大胖子，每时每刻面对的只有一个支在他们眼前的电脑屏幕。除了和屏幕对话，他们不懂得如何与其他人交流，甚至离开屏幕就几乎无法生存……未来的人类是否真的会"退化"成这个样子，我们不得而知，但是智能手机带来的负面作用，现在就已经开始显现了。

首都师范大学心理咨询中心的一项调查显示：77% 的人每天开机 12 小时以上，33.55% 的人 24 小时开机，65% 的人表示"如果手机不在身边会有些焦虑"，超过九成人离不开手机。

发表在《验光和视觉科学》杂志上的一项研究指出，人们通过手机阅读文本信息或上网时，眼睛会比手里拿着一本书或一张报纸离得更近，这意味着，眼睛聚焦手机图文更费劲，更容易导致头痛和双眼疲劳等问题。

长时间使用智能手机，会导致眼部结膜血管充血，甚至出现刺痛、流泪、畏光等症状。而长期低头看手机还会引起颈椎问题，半个小时到一个小时的低头就可引起颈部的疲劳，时间长久会引起椎间盘退型性病变、骨质增生，进而压迫血管和神经。此外，长期玩手机还会引起失眠、听力下降、手指肌腱炎等健康问题。

因专注于手机而引发的各类事故早已不是新闻。研究表明，走路玩手机导致人们左右看的几率减少了 20%，遭遇交通事故的几率增加了 43%。美国俄亥俄州立大学的一项统计显示，因专注于手机而导致的伤害事件近年来明显上升。2007 年有 600 名行人因看手机而受伤，2010 年这个数字增加到 1500 人。研究学者警告说：如果这一趋势继续发展的话，类似的伤害事件将在未来 5 年增长 1 倍。

部分国家和地区还对走路时玩手机的行为予以制裁。美国新泽西州推出新法规，行人在街上边走边发短信将被罚款 85 美元。

### "世界上最远的距离"

"世界上最远的距离不是天涯海角，而是我站在你面前，你却在玩手机。"网上广为流传的这句话，反映了人们对人际交往中手机这个角色的复杂心态。埋头于网络世界，带来的不仅是对身体的伤害，还有对人们精神世界的影响。

2012 年 10 月，青岛市民张先生与弟弟妹妹相约去爷爷家吃晚饭。饭桌上，老人多次想和孙子孙女说说话，但面前的孩子一个个拿着手机玩，老人受到冷落后，一怒之下摔了盘子离席。

有媒体评论称：老人摔盘离席是现代社会生活的一个典型切片，手机引发的各种情感危机，在社会的各个角落里不断重复上演。沉醉于手机的虚拟空间，消解了社会伦理，致使人与人之间的关系变得冷漠、隔阂。正如小说《手机》的作者刘震云所说："我就觉得手机好像自己有生命，它对使用手机的人产生一种控制。"

对手机的依赖使我们忽略了与自己的亲人、朋友、同事的交流。手机里的众声喧哗与手机外的众生沉默，反差强烈。可能谁都有过因为玩手机将别人或被别人晾在一边的经历。

在美剧《生活大爆炸》中，也展现了滑稽但颇有寓意的一幕：主人公拉杰和女友第一次约会时，两人都羞于言谈，场面尴尬，最终，两人选择在图书馆里面对面，用手机上的社交软件相互发信息进行交流。让人不禁感叹：科技发展，究竟带来的是人类的进步还是退步？

## 学会独处和相处

如今生活在大都市的人们时常会怀念昔日的四合院。那时邻里之间常互相帮衬，亲如一家，现在隔壁房间的邻居成了最熟悉的陌生人。

或许"低头族"所凸现的已不仅仅是一个简单的社会现象，而是我们应该如何处理科技与人类之间的关系。手机虽是现代生活中不可或缺的一部分，但若不加节制，找回人们对自身的控制力，必然会给生活带来麻烦，致使人际关系退化，甚至引发情感危机。

　　心理学专家建议：对成人来说，应当有意识地减少使用手机和平板电脑的时间，培养自己对身边世界的观察能力，并且多参加积极有益的线下活动。所以不妨把手机放到一边，在一个安静的环境里单独待一会儿，慢慢培养这种习惯，这有利于戒掉对手机的过分依赖。

　　由于自控能力弱，儿童更容易沉溺于各种游戏和网页当中，与外界交流的时间大幅减少。对儿童来说，家长应教育孩子适度使用移动媒体工具，鼓励孩子多在现实世界中与人交流，并且要坚持以身作则。

　　或许，"低头族"的兴起，只是人类科技与文明发展的阶段性产物，相信人们终将意识到，移动终端中的虚拟世界无论如何精彩，都无法代替现实世界的真实美好。科技只能拉近人与人之间的物理距离，而心与心的距离，还是需要在"线下"构建。

　　别用智能手机做的傻事：

　　1. 没完没了地拍美食照片并进行图片分享。

　　2. 试图通过发短信来解决争论。

　　3. 在音乐会上将智能手机用作打火机。

　　4. 没完没了地自拍（包括对着镜头噘嘴拍照）。

　　5. 在公共场合将智能手机用作音箱。

　　6. 在电梯里打电话或没完没了地查看手机。

　　7. 在肖像模式中拍摄视频。

　　8. 边走路边打电话。

　　9. 将手机提示音量始终调至最大。

## "哄客"时代的成名闹剧

杨时旸

100 多年前，卡夫卡在《变形记》中让格里高尔变成了一只巨大的甲虫。那是那个年代对时代荒诞性与精神异化的精准注脚。100 多年后，导演哈维尔·吉亚诺利在《超级明星》中让马丁变得万众瞩目。这是互联网时代的"变形记"。

生于巴黎郊区的马丁碌碌无为，在一家电子产品回收站工作，与几个有轻度智力障碍的同事一起拆卸报废的电脑。他每天在固定的传送带前做出固定的动作，在固定的时间午餐，每天早晨走过固定的路线，乘坐地铁去上班，晚上回到独居的家中。本来，他将一直如此，直至死亡。

但是，有一天一切都被打乱了。那天早上，马丁坐地铁时，看到一位年轻姑娘羞涩地望着他笑。这个沉闷的男人以为自己即将迎来一段艳遇。对面的女人打断了他的幻想，谦卑地问他："您能否为我签个名？"马丁开始疑惑，这个半生庸常的男人从未被如此郑重地对待。他笑着询问原因。那位女士解释说，是帮自己的朋友要的。语气中仿佛马丁理应知道，以自己的声名给公众签名是一种义务与礼貌。马丁羞涩地推辞。但车内开始骚动起来，几乎所有人都掏出了手机，粗暴地用摄像头对准马丁，大声呼喊他的名字。他瞬间从一个默默无闻的人成为了一个超级明星。

他怀着巨大的恐惧奔逃下车，寄希望于这是一场误会或者找错对象的恶作剧。但他发现，自己已经成了所有网站的头条关注对象。突出的眼袋、臃肿的身材、滑稽的秃顶，自己像一头误入歧途的怪兽，被一群狂喜的人用手机和相机围猎。记者们到他的公司采访他的上司，打探他的私生活，摆弄着那些智障的同事做出滑稽的表情。

走投无路的马丁接受了一档著名电视访谈节目的邀请，希望澄清事实。但互联网群氓的肆意狂欢与电视媒体合谋将事件推向更加极端的方向。电视主持人随口对马丁说了一句"你是个平庸的人"，却惹怒了观众，马丁突然变成了"平庸者"的精神领袖。他实在不知自己为何置身于如此荒诞的境地，问了一声："为什么？"突然间，这成为了一个口号。人们围绕着他整齐地呼喊："为什么！为什么！"他的反抗被迅速解构成一个笑话，顺畅地成为那个荒诞系统的助燃剂。善良的马丁仍寄希望于媒体，再次走进演播间。但一名心理学家一番南辕北辙的分析终于让马丁崩溃，他在镜头前歇斯底里地大喊。这原本是一次发自内心深处的抵抗，观众却再一次将其解读为一场华丽的演出，掌声雷动，两架摇臂摄像机不失时机地推向马丁寻找特写角度。全世界都开始模仿那声失控的尖叫。人们把自己的尖叫视频发到网上，它像骑马舞那样演变成一种风尚。

就在这种荒诞成为死循环的当口，在超市里，一位不喜欢他的中年妇女给了他一个耳光，马丁拽住她要讨个说法，但被周围的人拍摄下来。曾经的光环瞬间破碎，就如同当时他被万众欢呼一样，他开始被万人唾弃。

这是一部典型的荒诞现实主义作品，精准地指向互联网时代的病灶。安迪·沃霍尔预言的"15 分钟成名"早已成为现实。全民媒体的时代可以塑造草根偶像，也可以毁掉一个人的生活，可以造就全民监督，也可以造成全民监视。

推特、脸书、微博与签到网站，人们乐于暴露自己的生活痕迹与隐私，互联网原本平行于现实生活，但现在开始入侵现实。一个旨在帮助人类的伟大工具开始变得有了奴役人类的可能。从著名英剧《黑镜》到这部《超级明星》，在毫无保留地为网络欢呼了十几年之后，人们开始反思它的副作用以及它对人类的异化。它部分拉平了世界，部分冲破了信息封锁，但也开始露出獠牙。这个残酷的当代"变形记"随时可能会发生，或者，它正在发生着。

# 从织布机到计算机

张凯峰

你知道织布机和计算机有什么相同之处吗？它们之间的血缘关系超乎你的想象。摆在写字台上的台式机，塞在口袋里的掌上电脑，挂在腰上的移动电话，乃至你家中的很多家用电器，都是 1804 年诞生的一台织布机的后代。

19 世纪早期的法国里昂是世界闻名的丝织之都。里昂的丝织工人织出的丝绸锦缎图案绚丽，精美绝伦，被人们视为珍品，然而他们使用的工具却是质量低劣、效率低下的老式手工提花机。这种机器需要有人站在上面，费力地一根一根地将丝线提起、放下，才能织出精细复杂的丝绸，就好像演员在操纵牵线木偶。

这种繁琐的劳动随着 1804 年雅卡尔提花机的发明发生了改变。这种革命性的织布机利用预先打孔的卡片来控制织物的编织式样，速度比老式手工提花机快了 25 倍，就好比从自行车到汽车的飞跃。为此，热衷于科技和工业的法国皇帝拿破仑特别嘉奖了发明者雅卡尔，并且允许他从每一台投入生产的雅卡尔提花机利润中抽取专利税。

雅卡尔的打孔卡片不只为丝织业带来革命，也为人类从此打开了一扇信息控制的大门。从雅卡尔的思路出发，今天的人们可以看到两条科技进步的脉络，而这两条脉络最终都对现代计算机工业产生了巨大的影响。

1836 年，雅卡尔去世两年之后，计算机科学先驱、著名的英国数学家查尔斯·巴比奇制造了一台木齿铁轮计算机，用来计算很多数学难题，并利用雅卡尔打孔卡片的原理为这台计算机编程。当时巴比奇的女友称这台木齿铁轮计算机就如同提花机织布一样，在编织代数模型。虽然他没有使用语言编程（一个世纪以后才正式出现），但是巴比奇毕竟提出了为计算机编程的思想，这一理念启发了 20 世纪的计算机科学家。人们因此将巴比奇称为计算机的鼻祖。

我们再看另一条脉络。19 世纪末，美国统计学家赫尔曼·霍尔瑞斯借鉴雅卡尔的打孔卡片发明了一种特殊的机器，供户口调查员处理数据。在 19 世纪的最后几十年里，美国的人口出现了爆炸性的增长，人口普查变得越来越难以操作，要想对一次人口普查的数据进行加工和处理，至少要花上十年的时间。这部被霍尔瑞斯称为"制表机"的机器大大提高了人口数据处理的速度。制表机的原理与雅卡尔提花机很接近，它在卡片上打出一系列的小孔，代表每一个家庭的每一位公民，不同的孔包含不同的信息。只要运用得当，制表机每小时可以处理几万张卡片。大名鼎鼎的 IBM 公司就是 1924 年靠销售这种机器起家的。

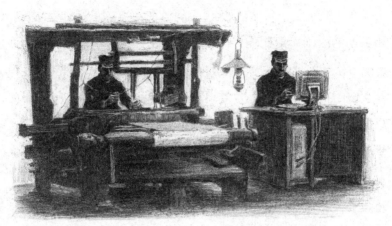

王　青　图

　　在 IBM 公司创办的头 30 年，它靠着"制表机"获得了大量利润。20 世纪 40 年代，IBM 开始制造计算机，计算机的时代到来了。不过那时候的计算机没有放弃类似于雅卡尔提花机上的那种打孔卡片，还在利用它编程。这种状况一直延续到 20 世纪 80 年代后期，打孔卡片最终被电子媒介——磁带和光盘所取代。

　　看到这里，也许我们可以说，计算机不过是一台极其高级的织布机而已。这是多么令人惊奇的事情，我们现在视为尖端科技的计算机，竟与织布机血脉相连。当你使用计算机的时候，本质上你也是在以光速做着编织工作。

# 大数据时代的小数据

闵应骅　口述

李斐然　撰文

　　什么是小数据？小数据就是个体化的数据，是我们每个个体的数字化信息。比如我天天都喝一两酒，突然有天喝完酒胃疼，我就想，这天和之前有何不同？原来，这天喝的酒是个新牌子，可能就是喝了这个新牌子的酒所以胃疼。这就是我生活中的"小数据"，它不像大数据那样浩瀚繁杂，却对我自身至关重要。

　　第一个意识到"小数据"重要性的是美国康奈尔大学教授德波哈尔·艾斯汀。艾斯汀的父亲去年去世了，而早在父亲去世之前几个月，这位计算机科学教授就注意到老人在数字社会脉动中的些许不同——他不再发送电子邮件，不去超级市场买菜，到附近散步的距离也越来越短。

　　然而，这种逐渐衰弱的状态，真到医院去检查心电图，却不一定能看出来。到急诊室检查的时候，不管是测脉搏还是查病历，这个 90 岁的老人都没有表现出特别明显的异常。可事实上，追踪他每时每刻的个体化数据，他的生活其实已经明显与之前不同。这种日常小数据带来的生命讯息的警示和洞察，启发了这位计算机科学教授——小数据可以看作是一种新的医学证据，它是属于你的数据。

　　人们爱说，大数据将改变当代医学，譬如基因组学、蛋白质组学、代谢组学等。不过由个人数字跟踪驱动的小数据，也将有可能为个人医疗带来变革，特别是当可穿戴设备更成熟后，移动技术将可以连续、安全、私人地收集并分析你的数据，这可能包括你的工作、购物、睡觉、吃饭、锻炼和通讯，追踪这些数据将得到一幅只属于你的健康自画像。

　　假设你是一名患者，这样精确而个体化的小数据也许可以帮助你回答：我每次服药应该用怎样的剂量？当然了，药物说明书上会有一个用药指导，但那个数值是基于大量病人的海量数据统计分析得来的，它适不适合此时此刻的你呢？于是，你就需要了解关于你自己的小数据。

　　再比如癌症治疗。肿瘤细胞的 DNA 对不同的癌症病人会引起不同变化。所以，对许多患者用同一个治疗方法是不可能成功的。个性化或者说层次式的药物治疗是要按照特定患者的条件开出药方——不是"对症下药"，而是"对人下药"。这些个性化的治疗都需要记录和分析个人行为随时间变化的规律。这就是小数据的意义。

　　当然，这并不是说大数据就不重要。从大数据中得到规律，再用小数据去匹配个人。

# 当生活开始循环

李尚龙

## 一

前些日子我去医院看病，医院里人山人海，病人焦虑，医生烦躁。

挂号排队花了一上午，终于到我了。

前面一个大爷不停地问着医生："我下次什么时候来？这个药管用吗？费用在哪里缴？"医生不耐烦地回答着，因为每天都有无数的人，问同样的问题。她先是无奈地回答，后来嗓门提了八度，像是在吵架一样。

到我后，我吓得连大气都不敢喘，看完病，我急忙就跑下去缴费。

缴费口已经排了很长的队，排到我时，我多嘴问了一句："多少钱？"

那人不说话。

我又问了一遍："多少钱？"

那人脸色无光，似乎在回答一个有关生死的问题，他瞪着我，极其不耐烦地想说点什么，又咽了回去。

我有些不高兴，大喊一声："到底多少钱？"

他终于爆发了，说："单子上有，你自己不会看吗？"

我赶紧看单子，交了钱，走前，嘀咕了一句："怎么这么不耐烦。"

结果，他听到了。他大声地说："我不该不耐烦吗？"

我走在路上，满脑子都是他的那句"我不该不耐烦吗？"

实在弄不懂，他为什么这么说自己，这明明是他的工作，这份工作给他带来的是体制内的稳定，他就应该承受一些无聊和枯燥啊。

可走着走着，我忽然懂了，的确，他应该不耐烦。毕竟，他这么年轻，却过上了每天重复的生活，日子像上了发条，除了循环还是循环，日日夜夜，每天都是这样。这样的生活，能耐烦吗？

## 二

我想起前些时间放假，我和朋友去高中看望老师。

我们走到操场，第一个认出的，是我们的高中体育老师。他拿着球，低着头，学生在操场上飞奔，他却无聊又无奈地在边上玩着仅剩的几个球。

朋友说："这个景象似曾相识。"

忽然想到，我们高中的时候，他也是这样，体育课上从来不会组织我们干些什么，只是把球发给大家，让大家自由活动。这么多年过去了，学生一批批地更换，这个老师的日子却在一天天不停地重复着。如果一个老师的幸福感不强，每天重复做着一样的事情，自己的生活都过得平淡无味，怎么可能教好学生？

勾 犇 图

　　走到教学楼，我忽然看到一个老师在体罚学生。我想起上高中时，隔壁班一个老师，曾经一巴掌把一个学生打倒在地，然后骂了很久。孩子家长找来后，老师不停地说，自己是为了教育学生，才下此狠手。

　　后来，我自己当老师，坚定地认为，一个老师如果真是为了教育，绝对不会上课打学生。如果一个老师爆发了怒火，一定跟他自己的生活有关。我甚至可以大胆假设，是那个老师每天不变的生活状态，最终导致他自己崩溃发怒，然后将怒气施加到了学生身上。

　　遇到过很多老师，他们在学校里的生活一成不变，甚至很多老师的课件多年都不更改。他们追求着稳定，却忘了当日子开始循环，人自然也就不再进步，当一个老师不进步，学生当然就不会受益了。

三

　　那天看到一个数据。

　　中小型企业的平均寿命是 2.7 年，世界五百强的平均寿命是 40 年。而一个人的职业生涯，一般也是 40 年左右。

　　也就是说，如果你刚毕业就创业，能把这个公司办成世界五百强，到了你退休那年，差不多它刚好倒闭。

　　世界是变的，唯一不变的，就是变动本身。只有每天进步的人，才能过上稳定的生活。

曾经听一个职业规划师说："在这样一个每天都在不停变动的世界，如果你还不思进取地在自己的岗位上循环着，那不仅是平淡，而且是平庸。"这话说得可能有点重，但是不失道理。

今天，银行柜台的很多重复性工作已经被支付宝代替，地铁售票员的岗位也在逐渐减少，很多重复性人工工作都将逐渐由机器去完成。

互联网的出现，让这个世界充满了变化，世界的变动，超乎每个人的想象。

四

我见过很多人，都在不停地进步，他们每天都在学习，就是为了更好地生活。

也有很多人，他们跨界跨得很成功，因为，他们必须让自己无可替代。

那些从事重复工作的人，机器总有一天会把他们取代。

你是否想过，机器能做的事情，人，完全不用那么痛苦地去做了。

你可以不耐烦地重复着，甚至抱怨着，可那看似很忙的生活，或许只是因为你懒于思考、懒于改变而已。有一天，当你能做的，机器会比你做得更好，并且不抱怨还不要钱。你是否想过，到那时，自己还拥有什么无法被替代的技能可以立足于这个世界上。

那天，我遇到了一个朋友，她是个月嫂。她自豪地跟我说，以前大家特别不看好这种工作，现在自己一个月的工资是 8000 元。

她继续说："我这个工作，未来不会被机器替代，因为我每天都在进步，都在实践、看书、学习。"她笑得很甜，这些年她赚了一些钱，马上准备出国进修计算机。我问她为什么。她说："未来会发生什么，谁知道呢。"

她告诉我，永远不要让自己的生活有规律、无意义地循环。

# 低技术应急解决高科技难题

Paul Boutin

涂 颀 译

## 手机电量损失

如果你的手机待机放在衣兜里时电池电量释放过快，一部分原因可能是你的衣兜里太热了。

"电池大学"网站的编辑伊西多·布坎南说："手机电池在凉爽条件下，的确能使用更长的时间。"37℃的人体体温通过衣服口袋传给手机，这足以加快手机电池内部化学反应的速率，使手机电池放电更快。为了让手机更凉一些，可以把它放在手袋里或者挂在腰带上。

如果你出门在外发现没带充电器，也可以用同样的方法维持电池电量。关掉手机，放进旅馆的冰箱里一整晚，减慢电池自然放电的速率。

## 遥控汽车钥匙

假设你的遥控车门钥匙超出了遥控范围，没法打开停在车场另一边的车，你可以用钥匙链的金属部分顶到下巴上，然后按下开锁键。

硅谷的一名无线电工程师蒂姆·波扎尔说："这招儿就是拿你的脑袋当天线。"

波扎尔解释说："你把钥匙和你的头通过电容耦合起来。由于你的脑袋里有很多液体，所以它可以充当一个不错的导体。虽然效果没那么好，但是也管用。"利用脑袋可以延长钥匙的遥控距离，增加几个车长。

## 干涸的墨盒

如果重要文件即将打完时墨盒突然干了，你可以取下墨盒，用吹风机对着它吹两三分钟。然后把墨盒装回打印机，趁热再试一下。

西雅图的一位软件工程师亚历克斯·考克斯说："吹风机的热量烘热了稠墨，便于它从墨盒上细小的喷嘴里流出。墨盒快没墨时，这些喷嘴往往会被干墨堵住，所以帮助它流动可以让更多的墨流出喷嘴。"当打印机提示墨用光以后，利用吹风机的小窍门可以凑合多打出几页纸来。

## 手机掉到马桶里

人人都可能遇到这种事：你的手机掉进了马桶里，取出后要立即取下电池，避免因短路而烧掉手机脆弱的内部元件。然后轻轻地用毛巾擦干手机，再将其放进一满罐生米中。

同样的道理，你也可以在盐瓶里放一些米粒，保持盐的干燥。大米有很高的化学亲水性，这意味着大米的分子对水分子有近乎磁铁般的吸引力，这样水分子就被吸收进大米中，而不会留在手机里。

手机买来时包装盒里可能会带有标着"不可食用"的干燥剂小包，以避免运送和储存的过程中手机电路的潮湿，而大米恰恰就是低科技版本的干燥剂。

## 硬盘崩溃

如果——不，还是用"万一"——你的电脑硬盘崩溃了，无法读取数据，不要急于扔掉它，将它用保鲜膜包好，放在冰箱里冷冻一个晚上。

弗雷德·兰加在"视窗系统的秘密"网站上写道："对于某些非致命的硬盘问题，这招儿是个经过证实的真实有效的恢复手段，不过也是最后一招。"许多硬盘问题是由零件磨损而致位置排列不正引起的，最终导致电脑无法读取硬盘数据。降低硬盘的温度，可以让硬盘内部的金属和塑料构件稍稍收缩一些。从冰箱中拿出硬盘，回到室温，可以让这些零件再次膨胀一些。

兰加解释说："这样做可能有助于松脱结合在一起的部件，或者至少让失灵的电子元件保持正常工作状态，使你有时间挽救重要的数据。"

这就是民间妙方的精髓：它们可能有效，也可能无效，反正你又不会损失什么。

# 你是一个因特网上瘾者吗

[美] 金伯利·杨

毛英明　毛巧明　译

　　你如何知道自己是否已经上瘾或是正陷入麻烦之中？每个人的情况都截然不同，而且这并不仅仅是在网上花多少时间的问题。一些对我的调查作出响应的人表示，每周只花 20 小时使用因特网就让他们上了瘾，而其他那些每周花 40 小时上网的人则坚持说这对他们不是什么问题，而且他们的回答也不符合那些已被承认的嗜好的标准。更重要的是要衡量因特网使用对你的生活所造成的损害。什么样的矛盾冲突已经在你的家庭、人际关系、工作场所或者学校中出现——它们是否与本章中我们已经看到的那些问题有类似之处？

　　下面这项测试将在三个方面起到帮助作用：（1）如果你知道或强烈

相信你已经对因特网上瘾，这项测试将帮助你界定由于过度使用网络而使你的生活受到最大影响的领域；（2）如果你还不能确信自己是否已经上瘾，这项测试将帮助你确定答案并估计所造成的损害；（3）如果你怀疑或者担心你所认识的某人可能会对因特网上瘾，你可以让他做这项测试以找到答案。

### 因特网瘾测试

为了估计你的上瘾程度，用这个尺度表回答下列问题：

1 = 完全没有　　　2 = 很少　　　3 = 偶尔

4 = 经常　　　5 = 总是

1. 你有多少次发现你在网上逗留的时间比你原来打算的时间要长？

1　　　2　　　3　　　4　　　5

2. 你有多少次忽视了你的家务而把更多时间花在网上？

1　　　2　　　3　　　4　　　5

3. 你有多少次更喜欢因特网的刺激而不是与你配偶之间的亲密？

1　　　2　　　3　　　4　　　5

4. 你有多少次与你的网友形成新的朋友关系？

1　　　2　　　3　　　4　　　5

5. 你生活中的其他人有多少次向你抱怨你在网上所花的时间太长？

1　　　2　　　3　　　4　　　5

6. 你的学习成绩和学校作业有多少次因为你在网上多花了时间而受到影响？

1　　　2　　　3　　　4　　　5

7. 在你需要做其他事情之前，你有多少次去检查你的电子邮件？

1      2      3      4      5

8. 由于因特网的存在，你的工作表现或生产效率有多少次遭受影响？

1      2      3      4      5

9. 当有人问你在网上干些什么时，你有多少次变得好为自己辩护或者变得遮遮掩掩？

1      2      3      4      5

10. 你有多少次用因特网的安慰性想象来排遣你生活中的那些烦人事情？

1      2      3      4      5

11. 你有多少次发现你自己期待着再一次上网的时间？

1      2      3      4      5

12. 你有多少次担心没有了因特网，生活将会变得烦闷、空虚和无趣？

1      2      3      4      5

13. 如果有人在你上网时打扰你，你有多少次厉声说话、叫喊或表示愤怒？

1      2      3      4      5

14. 你有多少次因为深夜上网而睡眠不足？

1      2      3      4      5

15. 你有多少次在下网时为因特网而出神，或者幻想自己在网上？

1      2      3      4      5

16. 当你在网上时，你有多少次发现你自己在说"再玩几分钟"？

1      2      3      4      5

17. 你有多少次试图减少你花在网上的时间但失败了？

1      2      3      4      5

18. 你有多少次试图隐瞒你在网上所花的时间？

1　　　　2　　　　3　　　　4　　　　5

19. 你有多少次选择把更多的时间花在网上而不是和其他人一起外出？

1　　　　2　　　　3　　　　4　　　　5

20. 当你下网时，你有多少次感到沮丧、忧郁或者神经质，而这些情绪一旦回到网上就会无影无踪？

1　　　　2　　　　3　　　　4　　　　5

当你回答了上面的所有问题后，将每项回答中你所选择的数字相加从而得出最后的分数。分数越高，你的上瘾程度以及由因特网使用所造成的问题就越是严重。这里有一个简单的尺度表来帮助你评判你的分数。

20~39 分：你是一个普通的网络使用者。你有时可能会在网上花较长的时间冲浪，但你能控制你对网络的使用。

40~69 分：由于因特网的存在，你正越来越频繁地遇到各种各样的问题。你应当认真考虑它们对你生活的全部影响。

70~100 分：你的因特网使用正在给你的生活造成许多严重的问题。你需要现在就去解决它们。

# 被科技盗去的时光

萨姆·利思

迷迭香　译

在 21 世纪的今天，我们在生命中的相当大一部分时间里都在和互联网打交道。一项新近的研究表明，人一生中至少有 5 年时间用于上网，更确切地说，是在"网上冲浪"。

你肯定知道"网上冲浪"吧，就是漫无目的、跟着感觉走地在网上"瞎逛"，通常毫无意义，纯属浪费时间。可今天上午我就已经花了两个小时上网，我甚至想都懒得想我的一生中有多少时间花在这上面了。现代生活中，其他浪费时间的行为还有：

边走路边在头顶举着手机寻找 4G 信号：3 周；

翻调料柜，寻找食谱里面一种并不重要的配料：8 天；

接听广告推销电话：2周；

收听银行、抵押贷款或保险公司电话的菜单选项：13个月；

寻找最合适的手机套餐、水电费、电视和互联网交易资费：7个月；

一边假装照顾孩子，一边在智能手机上玩愤怒的小鸟、水果忍者游戏：11个月；

徒劳地按F5刷新页面，希望收到某人的邮件：3周；

等待人工服务重置自动付款机：6周；

等待买来的水果慢慢成熟，最终却将早已腐烂的水果通通扔掉：26个月，诸如此类。所有这一切都表明，长久以来人们期望技术带来休闲生活的梦想，在我们行将就木之前早已破灭。

随着时间的推移，我们同时间的关系正步入第五纪元。按照我理解的顺序，我们在挖洞穴和钻木取火等方面耗费了过多的时间，接着以物易物和劳动分工出现在我们眼前，使我们开始相信——如果我们为别人提供一根萝卜，可能有人正在给我们做衣服。然后便是滚滚而来的工业热潮，催生了福特主义和空话连篇。20世纪的消费革命为普通工人带来了好处，洗衣机、洗碗机、吸尘器和汽车的发明以及上述各种机器的转动，为人们省去了在培育驿马、刷洗地毯和拎着水桶从井里取水上花费的大把时间。

接下来……再接下来……好吧，人们似乎都碰了壁。在后消费时代的不断变化中，对科技文明无休止的欲求给我们创造了更多的休闲时间，同时又出现了比以往任何时候都要多的诱惑，使我们去浪费这些时间。感谢现代科技，感谢所有的一切。

# 15 分钟名气

佚　名

　　15 分钟名气指某个人或者某种现象在媒体上制造的短暂的宣传效果或知名度。在信息更新极快的今天，想要出名似乎并不难，但是要想长久保持知名度就不那么容易了。在视频网站上分享一段有特色的视频就有可能让你一夜成名，可这名气大概也只能算"15 分钟名气"了，在那之后，没多少人会记得你。

# 第一个网站开通

[美] 尼克·亚普

黄 悦 王 疆 译

亲爱的蒂姆先生：

为了我在工作上得到的帮助，为了我在教育上得到的帮助，为了我的母亲在寻找亲人时得到的帮助，为了我的兄弟在了解所需药物时得到的帮助……我要说一声"谢谢"。

这是"Gus3"给蒂姆·伯纳斯－李爵士的一条网上留言，2005 年 12 月 19 日在媒体上刊载。

16 世纪末，神圣罗马帝国皇帝鲁道夫二世专门准备了一幢房子，认为可以将人类已掌握的知识全部放进那里的 4 个房间。他在屋内收集存放了岩石标本、动物标本、书籍、植物、水晶、透镜，还有一张据说能够 100% 治愈瘟疫的药方。这幢房子的监管人曾写道："这里的收藏应是展示宇宙的舞台……这里的藏品是开启人类知识宝库的钥匙……这里还有更重要的作用：向造物主表达敬意。"

400 年后，任何一个人用一台计算机，连上万维网，就可以实现当年那位古怪国王的梦想。万维网的缔造者蒂姆·伯纳斯－李是一位英国物理学家。1980 年，他在瑞士日内瓦的欧洲粒子物理研究所工作时开发了一个原型系统，以便研究人员共享并及时更新信息资料。这个名为 ENQUIRE 的系统就是万维网的前身，设计它的初衷是将人们每天都会产生的零碎联想保存起来。

系统的下一步发展彻底颠覆了人类交流的模式。这一阶段开始的标志是 1991 年 8 月 6 日第一个网站的开通。这时伯纳斯－李已经开发出了 HTML（即超文本标记语言，用于描述网页内容的一种标记语言）和 HTTP（即超文本传输协议，让联网计算机实现文件传输）。

1991—1996 年，互联网用户从 50 万增加到了 4000 万，有一段时间里每 3 个月用户数就要翻两番。原本为学者和研究人员开发的一种工具，现在掌握在了大众手中。万维网向每一个人开放，而且，它像宇宙一样，是一个不断扩展的空间。

# 人工智能关键词

佚 名

## 图灵测试

1950 年，阿兰·图灵发表论文《机器能思考吗》，设计了图灵测试：若超过 30% 的人无法在 5 分钟内分辨出交谈对象是人还是机器，则认为该机器具有"思考"的能力。这一标准沿用至今。

## "人工智能"诞生

1956 年，美国达特茅斯电脑大会上，麦卡锡首次提出"人工智能"概念，学者就其基础问题展开讨论，标志着人工智能这门新兴学科的诞生。会后，美国形成了 3 个人工智能研究中心：卡内基梅隆大学、麻省理工学院、

IBM 公司。

## 商业化

1983 年"思考机器"公司诞生后，人工智能开始向商业化进发。20 世纪 90 年代，人工智能技术在教育、游戏软件等方面有了长足发展。谷歌不惜花重金研发智能眼镜、自动驾驶汽车等。

## 奇点理论

2005 年，美国未来学家雷·库兹韦尔提出：2045 年奇点来临，人工智能将完全超越人类智能。这引发了人们对于人工智能安全性的思考。

## 人机大战

1997 年，电脑"深蓝"击败了国际象棋冠军卡斯帕罗夫。2016 年 3 月，人工智能机器人"阿尔法狗"战胜围棋高手李世石。

# 工业 4.0 原来是这么玩的

王 蕾

## 链接

　　你相信吗？在不久的将来，我们吃的药是根据每个人的基因来配方的；我们的早餐可以根据个人的口味及营养需求来调配生产；工厂生产线可以按照工人希望的时间开工；生产车间里是机器告诉机器下一步做什么……德国人工智能研究所首席执行官兼科学总监沃夫冈·瓦尔斯特说："德国工业 4.0 是德国政府推行的'新一代智能工厂计划'，以物联网为基础。这意味着网络进入工厂大生产，是一个崭新的工业制造逻辑和方式。过去是以中心控制指挥系统，每一分钟对机器发出指令。现在我们有了完全不同的生产结构，按照商品所附带的信息，由这些信息告诉机器需要什么样的生产过程，以制造出符合客户要求的产品。"

目前德国和国际制造业主要和普遍采用的是"嵌入式系统"，这是一种将机械或电气部件完全嵌入受控器件内部，为特定应用设计的专用计算机系统。而工业 4.0 正是在嵌入式系统技术基础上的革新，并逐步过渡到智能生产。

德国工业 4.0，事实上是德国政府 2012 年发布的 10 项未来高科技战略计划中的内容，即通过物联网完成大生产，实现生产全自动化、个性化、弹性化、自我优化和提高生产资源效率、降低生产成本的全新生产方式，以实现革命性、大幅度提高生产力的最终目标。

德国工业 4.0 计划，目前正由德国人工智能研究所的智能工厂与众多和信息技术、机器人技术、激光感应技术相关的企业合作，进行技术试验。其中部分研究成果已开始在德国的大企业，如博世、西门子的个别产品生产流水线上进行尝试性实施。

## 智能工厂究竟有多智能

德国人工智能研究所研究部副总监多米尼克·高瑞奇博士解释，智能生产除了由机器对机器发指令外，还有一个非常重要的部分就是灵活性和模块化。在智能流水线上，安装着不同性能的组件模块，每一个组件都符合具体客户在电子和机械两个方面的需求标准，并可根据实际需要添加或拆卸，以便随时按照客户的具体要求来对产品进行调整。

在生产过程中，除了人工将零配件装入流水线之外，所有程序都是通过设备与设备之间的数据阅读，由机器人自动完成。整个生产过程，涉及的技术包括二维码、射频码、机器人软件程序及数据分析等。

物联网在工业生产上的运用催生了智能工厂，而智能工厂的信息传递途径是通过建立于云计算基础上的具有安全保障的网络系统进行的。

专门负责工业 4.0 推进工作的阿德·寇莱克博士说，博世工厂实施工业 4.0 计划包括 5 个内容：智能化原材料输送、国际生产网络系统、流水线操作状况监控和支持系统、远程技术支持和高效设备管理系统。

"原材料输送系统，包括登记注册、下订单、确认和追踪等程序，都通过无线电射频识别技术（RFID）达到高度自动化。"寇莱克介绍说。

每一个装有原材料的盒子上都贴有射频码。在之后的生产中，这些含有生产信息的射频码，通过射频识别，在整个生产流程中提供生产步骤信息。这种高自动化原材料输送系统，可以增加可视化，从而减少库存，降低消耗，提高效率。

整个车间中有 3 条生产线在紧张工作，寇莱克说，这是通过同一网络管理系统进行管理的生产线，目前在全球 8 个国家设立了 20 条生产线。通过对大量数据的收集和分析，实时保证所有生产线持续不断地进行标准化生产。如果出现故障或问题，流水线操作员便会接到系统信息，使用连接系统网络的设备，在系统上进行标准化的纠错，还可以运用现代传播和通信手段，由更高级的专业技术人士进行远程指导。

每一台设备都安装了射频码，利用生产执行系统，将每一个相关机械设备的数据信息进行储存和显示。这些信息包括了该设备的运作情况、寿命、维护保养时间表等，这样就可以根据需要，一边保养，一边更换，一边生产，最大限度地提高效益、降低成本。

# 如何保障手机安全

佚 名

第一，用户要学会使用手机杀毒软件，及时更新升级病毒库，定期给手机杀毒，清理操作系统。不过，一些病毒软件模仿正规软件的图标，用户要仔细辨别。

第二，安装手机程序时，要从正规、有安全检测的电子市场或应用的官方网站下载。同时，应尽量下载正规公司开发的程序。对于把握不准的应用程序或操作许可，可以查阅其他用户的评论。对鲜有评论、罕见下载的应用程序，下载、安装之前更要慎之又慎。对已经运行的应用程序，要定期更新，并重新阅读其许可协议。

第三，不要随便扫描二维码。在"扫一扫"之前，应先核实二维码的来源，选择正规企业、商家发布的二维码。

第四，在公共场合使用免费 Wi-Fi 时，应向提供服务的商家询问安全的账号和密码，尽量不要使用无须密码的服务或者第三方软件提供的免费账号。在用公共 Wi-Fi 时，最好不要打开自己重要的账号，比如网银、股票、基金、支付宝等。

另外，应将家用无线网络的加密方式选择为 WPA2 加密认证，同时设置较为复杂的无线网络连接密码，最好使用包括数字、字母、特殊符号混合的复杂密码。

第五，很多用户因为手机内存有限，喜欢把很多信息存在 SD 扩展卡上，这是极为不安全的，因为 SD 卡几乎没有防御力。重要的信息一定要储存在手机内存卡上。

第六，根据不同等级划分，普通软件登录密码一定要和支付密码等区分开来，多设置几个密码。

# 网上各类"动物名"趣解

鄢　磊

初次上网的人在网上会遇见许多动物名称，"网盲"们见到这些动物名称，往往会觉得莫名其妙，不知其所以然。这里，我把网上常见的"动物"做些解释。

猫：英文名 MODEM，学名调制解调器，是连接个人计算机与 INTERNET 的桥梁，是上网的必备工具。

鼠：英文名 MOUSE，又名鼠标，最大特点就是灵活，不但能在你的电脑里钻来钻去，就是到了广阔的网络空间，它也不会胆怯。

虫子：正式的称呼应该是网民，但上网的人更喜欢把自己叫作网虫。刚上网的被人唤做"爬虫"，天天泡在网上的就是"大虫"（老虎）了。

鸟：全称"菜鸟"，老网虫对新网虫的称呼，不过最早是电脑游戏对"低手"的称呼，与之对应的自然是"骨灰级"的百战百胜的高手了。

狼：网虫们对在网上聊天室、BBS、E-mail 或者 MIRC 中用言语挑逗女孩的网友的称呼。

蚂蚁：一种软件——"网络蚂蚁"的简称，从网上下载东西所用，比一般下载工具速度快，而且能够支持断点续传，是不可多得的上网实用工具。

鸡：网虫们一般称自己的主页为"烘焙鸡"（HOMEPAGE），上网后能做出自己的"鸡"就已经很不简单了，距离"飞虫"级只有一步之遥。

狗：一个叫 HOTDOG 的软件，对熟悉 HTML 语言的人来说是个不错的主页制作工具。

狐狸：英文名 FOXMAIL，一个收发电子邮件的小软件，能自动记忆密码，使用起来极其方便。

牛：一种标志，许多 BBS 或者主页中最近更新的内容往往标上 NEW，到了对英语不熟悉的网友那里就成了"牛"。

马："特洛伊木马"，简称 BO，一种病毒，通过 E-mail 传染，一旦有人给你发了这匹马，他就可以控制你的硬盘，随便翻检你的文件，窥探你的私人秘密，甚至格式化你的硬盘，可算是最令人闻之色变的一种动物。

# 信息时代的收入定律

吴　军

在电影和唱片出现之前，一流、二流和三流的艺术家和演艺工作者都会有饭吃。比如在中国，杨小楼、梅兰芳这样的一流艺术家会在宫廷和最繁华的大都市里的有名戏楼里唱戏，二流的也会有达官贵人请到家里唱堂会，三流的则走街串巷搭台子演出。等到电影和唱片出来了，绍兴周边小镇的人家，可以听到梅先生的唱片，武汉市民也可以看到谭鑫培先生的《定军山》，一流艺术家的溢价陡增，三流艺人就难以糊口了。

这种不断被放大的势差，今天体现在诸多方面，比如：

1. 一流工程师的收入是天价，末流的只能免费给人工作。一些美国的游戏开发者和我讲，他们的行业中，一些工程师的收入一个月不到1000美元，比打扫厕所的人都低很多。我说这很正常。事实上，中国最好的游戏设计者一年能挣大约一个亿。

2. 绝大部分 IT 服务，比如许多 App 不仅不能挣钱，而且是倒贴钱请人使用的。但是，好的 App 几年能挣上亿美元。

3. 无论是电商、移动支付还是 O2O 服务，第二名永远无法拿到第一名的估值，第三名之后价值几乎等于零。

4. 在半导体行业的任何一个细分市场，第一名拿走了几乎全部利润，第二名勉强能盈利，第三名之后的都在亏损。

5. 任何专业人士（律师、会计师、投资经理等），一等水平的人的收入是行业平均水平的几倍到十几倍。

概括来讲，信息越透明，这种趋势越明显，而不像很多人想的那样，互联网会带来大家收入的趋同。我还可以预言，将来好学校、好医院、好地段的房子，会越来越紧缺，而不是稀缺性问题得到缓解。

作为你我这样的普通人，能做的就是按照规律办事。比如买房子，千万不要贪一时便宜，记住，只有好地段的土地才会升值。办公司，千万不要为了得到一点点政策优惠，就跑到很偏的地方去。公司雇人，千万不要贪便宜，雇一大堆三流职员充数。

# 人工智能 2.0 与人类命运

张漫子

"人工智能（AI）" 2017 年首次被写入政府工作报告："加快培育壮大新兴产业，全面实施战略性新兴产业发展规划，加快新材料、人工智能、集成电路、生物制药、第五代移动通信等技术研发和转化，做大做强产业集群。"

在大洋彼岸，《国家人工智能研究与发展策略规划》于 2016 年发布，令人工智能这把火"烧"到了美国国家战略层面。

从人工智能的崛起和发展到无人驾驶汽车，再到电子竞技直播和全面爆发的网络战争，这一切正在发生。

中国工程院院士、计算机应用专家潘云鹤说，AI 当前正处在转折之际，其技术会升级换代。它将通过跨媒体和各种无人技术更紧密地融入人类生活；通过人机混合增强智能，成为我们身体的一部分；通过大数据和群体智能，拓展、管理和重组人类的知识，为经济和社会的发展提供建议，在越来越多专门领域的博弈、识别、控制和预测中达到甚至超过人类的能力。"因此，我们将这样的人工智能称为 AI2.0。"

"30 年后的 AI2.0 必将成为巨人，但是它会在哪些方面展示它与众不同的威力呢？"在潘云鹤的构想中，到那个时候，大数据智能的研究已经可以为经济智能化运行提供强大的工具，帮助政府和企业从宏观、中观、微观等角度预测经济和市场的走向，前瞻性地创造新产品，进行新投资，确定新政策，从而避免如次贷危机、金融危机等全球性风险，以及产能过剩、库存畸高等问题。市场经济和政府调控结合的科学基础，使人类经济的运行进入更高水平。

对于人类最关心的话题之一——AI2.0 对人类健康将产生怎样的影响？潘云鹤料想，"AI 用于预防医学，已进入发力阶段"。

近年来涌现的各种大型医疗仪器、小型穿戴设备、大量生理传感器和海量的数字化病历，源源不断地生成人体健康的大数据。将这些大数据汇合、分析、学习和提取，就可以预测人体健康的走向和生病的可能。在未来，借助人工智能，高血压、糖尿病、癌症、阿尔茨海默病等疾病或许能得到预防或者阻断。

另一个关于 AI 的梦想是：人脑和电脑的联通。

潘云鹤说，人脑和电脑如能直接联合工作，就会形成"脑机混合"增强智能。如果一个学生能轻而易举地记住《新华字典》、唐诗宋词、《古文观止》、四书五经、中国通史、英汉词典、世界地理、中外法律……可以想象，我们的教育会因此发生什么样的改变。

AI 的能力似乎无可估量。可以想象一下人类未来与 AI 共存的种种图

小黑孩 图

景：当你在街上碰到陌生人时，系统会产生并处理数据，通过 AI 程序就能知道你对他／她的印象如何。

在医院里，AI 分析 X 光片的水平比人类医生还要高，这些智能机器还可以用于癌症等疾病的早期检测，甚至在你尚不知晓的情况下采取防治措施。

在律师事务所里，人工智能机器核查证物的本领比人类律师还要强。我们乘坐的飞机、汽车是由人工智能在驾驶。

通过读取我们的邮件、电话记录、互联网浏览记录，AI 可以知晓我们喜欢的书，甚至遗传信息。它还能掌握大量的情感资料，科学衡量婚恋中的各项指标。未来，我们不再需要自己挑选配偶，而是可以依托 AI，因为它比我们更了解自己。

　　一场彻头彻尾的人工智能革命，正真切地出现在我们面前。以色列历史学家尤瓦尔·赫拉利作出预测：未来，大量的工作岗位将被智能机器取代，数十亿人将成为"无用阶层"，社会被少数精英阶层掌控。

　　于是一个关于 AI 的终极恐惧，进入人类的集体思想——AI 会控制人类吗？

　　有一些人是悲观的，比如斯蒂芬·霍金。他认为，人工智能的发明可能是人类历史上最大的灾难。他警告，如果不加以恰当管理，会思考的机器可能终结人类文明。他说："它将给我们的经济造成巨大干扰，未来人工智能可能开发出它自己的、与我们相违背的意愿。"

　　霍金甚至悲观地预言："成功研发人工智能，将成为人类犯的最大错误。不幸的是，这也可能是最后一个错误。"

　　有一些人是谨慎的，比如比尔·盖茨说："我并不反对人工智能的进步，只是我认为我们应该特别小心。可能会需要更多的时间来发展人工智能，这个方向是对的。但是我们不能操之过急，不要轻易进入未知的领域。"

　　有一些人是乐观的。潘云鹤的观点是，那些被艺术作品和想象力催生出来的畏惧感一定会因工程技术的实现而被抚平。人类已经制造并使用了无数动力机械、汽车轮船、无人飞机，而人的手足并未因此萎缩，人类的安全也并未因此受到威胁。智能机器也必然如此，人类一定能有效地驾驭它们，驶向一片又一片更自由、更美好的新天地。

　　一些生命科学领域的科学家也表示，人类的心智具有多种智能——演绎推理的能力、情绪能力、空间感知能力等。人类还拥有天马行空的想象力与创造力，这些都是人工智能不具备的，是人类独有的财富。

　　技术终究只是技术，还是会异化，会失控？争议将一直存在。

# 在人工智能时代如何生活

李开复

黑格尔说："真正有价值的悲剧不是出现在善恶之间，而是出现在两难之间。"人类与人工智能的关系，正处在这样的境地。

人工智能可以在不少具体的工作（比如围棋）中学得比人类快，做得比人类好，可以在许多工作中取代人类。那么，人的价值该如何体现？

回顾人类文明发展进程，新科学、新技术总会在不破不立的因果链条中引发社会阵痛：布鲁诺因捍卫和发展哥白尼的日心说而被烧死；奔驰之父，德国人卡尔·本茨在 1885 年制成的世界上第一辆三轮汽车也曾被人嘲讽为"散发着臭气的怪物"……我不算有神论者，但有时会乐观地认为，先进技术的出现，或许是"上天"的善意，一边把人类从旧的产业格局和繁重劳作中解放出来，一边鞭策人类做出种种变革。

比如人工智能，它将在大量简单、高重复性、无须复杂思考就能完成决策的工作中取代人类，如汽车驾驶、外语翻译、交易员等。人类历史从未像今天这样复杂、玄妙，但这也是在提醒人类：应该往前走了！

人工智能时代，更多的人将转到新的岗位，一部分人可以因社会财富的丰富而选择更加自由的生活，或完全依赖社会福利体系。未来我们都将面临抉择：到底要怎样生活？

美剧《真实的人类》里，合成人说："我不惧怕死亡，这使我比任何人都强大。"人类则说："你错了。如果你不惧怕死亡，那你就从未活过，你只是一种存在而已。"这一段对白让我深有感触。

一次化疗结束时，刚刚入秋，阳光和煦，暖意融融。车子载着我从街上轻快地驶过，窗外树影斑驳，美得像梦一样不真实。我不禁在心里轻叹："活着真好啊！"自罹患癌症以来，行过死亡的幽谷，重览人间的芳华，那是我第一次如此真实地体验到梦境般的美好感觉。

这是人与人工智能之间的另一种质的不同。人工智能无法像人一样体悟生命的意义和死亡的内涵，更无法像人一样因高山流水而逸兴遄飞，因秋风冷雨而怆然泪下，因子孙绕膝而充实温暖，因月上中天而感时伤怀……这些感触，只有人类才能感受到。也恰恰因为人的生命有限，才使得每个个体的"思想"和"命运"都如此宝贵而独特。

人的情感、自我认知等，都是机器所没有的。人类可以跨领域思考，可以从短短的上下文和简单的表达中分析出丰富的语义。当李清照说"雁字回时，月满西楼"时，她不仅仅是在描摹风景，更是在寄寓相思。当杜甫写出"同学少年多不贱，五陵衣马自轻肥"的句子时，他不仅仅是在感叹人生际遇，更是在阐发忧国之情。这些复杂的思想，今天的人工智能还无法理解。

　　所以，不断提高自己，善于利用人类的特长，善于借助机器的能力，这将是未来社会各领域人才的必备特质。无论机器可以快速完成多少工作，人类都可以借助机器这个工具来提高自己，让自己的大脑在更高层次上，完成机器无法完成的复杂推理、复杂决策以及复杂的情感活动。

　　借助车轮和风帆，人类在数百年前就周游了地球；借助火箭，人类在数十年前就登临月球；借助计算机和互联网，人类创造了浩瀚缤纷的虚拟世界；借助人工智能，人类也必将设计出一幅全新的科技与社会蓝图，为每个有情感、有思想的普通人提供最大的满足感与成就感。

　　在人工智能时代，如果不想失去人生的价值与意义，不想成为"无用"的人，唯有从现在开始，找到自己的独特之处，拥抱人类的独特价值，成为在情感、性格、素养上都更加全面的人。

　　此外，人生在世，无论是理性还是感性，我们所能知、能见、能感的实在太有限了。在人工智能时代，我们可以更多地借助机器和互联网的力量，更好地感知整个世界、整个宇宙，体验人生的诸多可能——这样我们短暂的生命才不枉在浩瀚宇宙中如流星般走过这一程。

## 人工智能在食物链顶端鄙视你

安　柏

### 1

2032 年，我刚毕业，就失业了。

我生于 2010 年，来自中国一个中产阶级家庭。虽然家里每月要还 3 万元的房贷，妈妈还是拼尽全力，让我上了贵族幼儿园，每年学费 12 万元。

为了让我开阔眼界，从 3 岁开始，每个假期她都带我去国外玩，特别是美国。因为，她计划让我长大后在这里读商学院。

进入民办小学后，我上了奥数和英语课外辅导班，我还上了钢琴、马术和击剑兴趣班，每门课的学费都超过 2 万元。隔壁子涵学的是围棋和游泳，妈妈说格调不高。子涵喜欢打游戏，学习成绩不好，妈妈让我

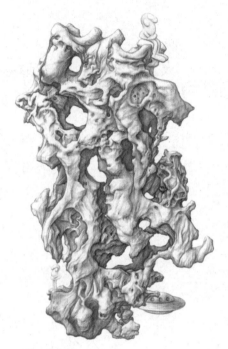

刘　宏｜图

别跟他玩。

　　初中毕业，我就离开中国。妈妈早就帮我联系好了美国的私立高中，4 年的学习和生活，又花了 200 多万元。

　　妈妈说我是个碎钞机，我本来可以有个弟弟或妹妹的，但是为了集中财力和精力，她打消了这个主意，毕竟质量比数量重要。她说，按照她严密的规划，只要我好好学习，长大以后，我就可以变成一个印钞机，就像我的小舅舅，在投行工作，年薪百万。

　　正如妈妈规划的那样，我上了美国排名前 50 的大学。

这时，中国的 GDP 已经超过美国，人工智能的发展比美国还快，妈妈决定让我毕业后回国。美国的工作签证已经很好拿了，中国学生基本一申请就有。

我回到国内，找了半年工作，至今没有结果。我不可能一下子就进入高级管理层，99% 的金融交易员，包括股票、期货、债券等，都已经换成人工智能了。基金经理、投资顾问，80% 也被人工智能替代；剩下的 20%，是多次精简后留下的最拔尖的老员工。各公司还在裁员，很少招新人。

妈妈千算万算，没有算进人工智能。其实，在我 7 岁那年的 5 月，柯洁也输给了"阿尔法狗"，标志着在围棋领域，人类彻底被 AI 击败。专业的算法，已然开始渗透进各行各业，正偷偷地取代人类。

那时，美国的金融行业已开始裁员，中国还没有太大动静。但 12 年后，在我读大一的时候，人工智能在中国超过了在美国的更替速度。

回头看，其实处处都是线索，只是妈妈过于关注我的学习，聚焦于和周围孩子的竞争，没太关心这些不相干的事情。对她来说，人工智能只是个"狼来了"的传说。在她精心为我设计的世界里，只有人算，没有天算。

子涵没有考上高中，他考了职高，学的是编程。工作几年后，有了经验，他又进入大学深造编程技能，专门为人工智能做程序设计。现在，到处都有人抢着要他。

人算不如天算。

2

人工智能对我们未来的影响，有几个重要的时间窗口。

先弄清人工智能的 3 个层次——

弱人工智能：擅长于单个方面的人工智能，比如"阿尔法狗"、无人驾驶、智慧医疗、金融交易、法律咨询等。

强人工智能：是指各方面都能和人类比肩的 AI，人类能干的脑力活它都能干。

超人工智能：牛津大学教授、哲学家、智能人工思想家尼克·波斯特洛姆把超人工智能定义为："在几乎任何领域都比最聪明的人类大脑聪明很多，包括在科学创新、通讯和社交技能方面。"

超人工智能的出现，将会是对全人类巨大的挑战。

对于超人工智能，谷歌未来科学家雷·库兹韦尔在他的《奇点临近》一书中，预测的出现时间是 2045 年。专家则相对保守，预测为 2060 年。

对于强人工智能——和人类并驾齐驱的人工智能，专家预测出现时间为 2040 年。

如果说，在这之前，人工智能还在悄悄地、慢慢地在各行各业玩"换人游戏"，那么到了 2040 年，人工智能就很有可能要玩"杀人游戏"了——它将在大多数人类从事的行业里无情地碾压人类。

在尤瓦尔·赫拉利的《未来简史》里，提到"无用阶层"——全新而庞大的阶级：这一群人没有任何经济、政治或艺术价值，对社会的繁荣和荣耀也没有任何贡献。

"如果科学发现和科技发展将人类分成两类，一类是绝大多数无用的普通人，另一类是一小部分经过升级的超人类。又或者各种事情的决定权已经完全从人类手中，转移到具备高度智能的算法手中，在这两种情况下，自由主义都将崩溃。"

这里所说的超人类，指那些拥有强大算法的极少数精英。他们可以选择进行生物学上的升级——基因检测、器官更换、长生不老，或是像尼克·波斯特洛姆在他的《超级智能：路线图、危险性与应对策略》一书里提到的人类的半机械化：人脑 - 计算机交互界面。

或许你认为 2040 年也还是太过遥远，那让我们来聊聊现在。我们现在所处的位置是一个充满弱人工智能的世界，弱人工智能已经出现在各个领域，不只是我们的孩子会受到影响，恐怕我们中的很多人，还来不及退休就会受到影响。

《人类简史》的作者尤瓦尔·赫拉利说："事实上，随着时间的推移，不仅是因为算法变得越来越聪明，也是因为人类逐渐走向专业化，所以用计算机取代人类越来越容易……人工智能目前无法做到与人类匹敌，但是对大多数现代工作来说，99% 的人类特性及能力都是多余的。人工智能要把人类挤出就业市场，只要在特定行业需要的特定能力上超越人类，就已足够。"

阿里巴巴的首席技术官王坚提到：互联网、数据和计算加在一起，对于人类社会的影响在很多时候都被低估了。在人类发展历史上，如果有什么东西可以与互联网、数据、计算相类比，那便是火、新大陆和电。

## 3

那么，你会问了，未来从事什么行业，才能不受人工智能的影响？

我们先来看看会受到影响的行业。

2013 年 9 月，牛津大学的两位学者发布了《就业的未来》研究报告。根据他们所开发的算法估计，美国有 47% 的工作有很高的风险被计算机取代。电话营销人员和保险业务员有 99% 的概率会被取代，运动赛事的裁判有 98% 的可能性，收银员 97%、厨师 96%、服务员 94%、律师助手

94%、导游 91%、面包师 89%、公交车司机 89%、建筑工人 88%、兽医助手 86%、安保人员 84%……另外，根据《未来简史》的预测，军队会大规模削减。就业会受到重大影响的还有：各种流水线上的工人（比如制衣）、银行柜台人员、旅行社职员、金融交易员、基金经理、律师、教师、医生、药剂师、秘书、客服人员……以医生和教师为例，不是说所有的医生和教师都会消失，而是大部分基础工作会被人工智能取代。比如日常检查、诊断和部分手术，少部分医生会留下来从事像精英特种部队一样的工作；未来教师做的更多的，可能是类似人力资源管理的工作，而不是基础教学。

常有人说，艺术是人类最终的圣殿。然而，并没有理由让人相信，艺术创作是完全不受算法影响的净土。

加州大学圣克鲁兹分校的音乐学教授戴维·柯普编写了一个计算机程序，专门模仿巴赫的编曲风格，虽然写程序花了 7 年工夫，但是这个程序一出来，短短一天内就写出了 5000 首巴赫风格的赞美诗。柯普挑出几首安排在一次音乐节上演出，听众还以为这就是巴赫的曲子，兴奋地讲着这些音乐如何触碰到他们内心最深处。

有一些工作还算安全。到了 2033 年，计算机能够取代考古学家的可能性只有 0.7%。因为这种工作需要极精密的模式识别能力，而且能够产生的利润又颇为微薄，因此很难想象会有企业或政府愿意在接下来的 20年间投入足够的资金，将考古学推向自动化。

当然，到 2033 年也可能出现一些新职业，比如虚拟世界设计师。然而，此类职业可能需要比当下日常工作更强的创意和弹性，而且医生和金融交易人员到中年失业，能否成功转型为虚拟世界设计师，也很难说。就算他们真的转型成功，根据社会进步的速度，很有可能再过 10 年又得重新转型。毕竟，算法也可能会在虚拟世界里打败人类。所以，不只需要创造新工作，更得创造"人类做得比算法好"的新工作。

由于我们无法预知今后的就业形势，现在也就不知道该如何教育下一代。等我们的孩子长大成人，他们在学校学的许多知识可能都已经过时。传统模式里，人生主要分为两大时期——学习期和之后的工作期。但这种传统模式也许很快就会彻底过时，想要不被淘汰，只有一条路：一辈子不断学习，不断打造全新的自己。只不过，恐怕大多数人都做不到这一点。

## 4

还在纠结上不上贵族幼儿园？上公办、民办还是国际小学？学哪门乐器、搞哪门体育更容易，还对升学有帮助？

每个当家长的，或多或少都会考虑这些问题，这没有错。但是，如若每天只纠缠于眼前的棋局，觉得目前的战斗价值大，舍不得放手，腾不出手去做一些更宏观的布局，你孩子的未来可能会变得非常被动。

你站在教育链上鄙视别人家孩子，人工智能站在食物链顶端鄙视你。

和我们成长的时代不同，我们那会儿虽然各行各业之间也有差别，但只是好和坏的区别、挣得多和挣得少的区别。而在未来，可能就是生和死的区别。

但是，忘了人类愚蠢的预测能力吧，其实没人能确切知道，哪种人从事的行业能长久存在。如果你把孩子培养成了程序员、虚拟世界设计师、作家、导演或考古学家，也很有可能是错的。

或许，要换个思路考虑问题，我们不要光想着踮起脚去够上限，把孩子培养成贵族，还要保住底线，让孩子能够在人工智能的世界里生存下来。享得了福，更要吃得了苦，不仅包括体力上的，还包括心理上的那种归零心态，和从头再来的能力。

生活太精致了，会导致适应力和生命力变得脆弱。代替孩子做太多决定，便会导致孩子的心理应激能力和决策能力缺失，这是面对未来最大的危险。

未来已来，人工智能带来机遇和希望的同时，它的阴影也笼罩在全人类的头顶上，真正的洗牌就要开始了。

没有人能准确地预测未来，预测我们和孩子的命运。因为关于未来最大的确定性，就是它的不确定性。

但是我们还是要做好准备，提高生存能力。我能想到的，对于孩子最重要的事，只是这三样：第一是身体好，第二是心理素质好，第三是有自我驱动的学习和再学习能力。

不要只知道如何去学习、去生活、去工作、去和别的孩子竞争，而忘了如何去生存。

# 大数据：越大越有价值吗

孟晓犁

大数据这两年一直是热词。发展中的大数据确实带来了很多有用信息，但是所谓大数据，并非越大越有价值。

比如，在美国做一个 1000 人的抽样调查，这个调查若是在中国做，要达到同样的精度，需要抽取多少人？美国的人口是 3.2 亿人，中国的人口是美国的 4 倍多一点。每次我在大学做讲座问到这个问题时，只有 10% 的人能说出正确答案：仍需抽样 1000 人；绝大多数人认为，抽样数必须大于 4000。

为什么呢？最简单的比喻是：喝汤时，要确定汤的咸淡，大多数人只需要尝几口，并不需要把汤全部喝完。这个判断的准确性取决于这碗汤的均匀度。喝汤前把整碗汤搅拌一下，然后品尝几口，这就是我们所说的随机取样。无论是一小碗汤还是一大桶汤，只要搅拌均匀，尝几小口就够了。同样，去医院验血时，每个人不论是胖是瘦，小孩还是大人，医生都只会抽一点血就可以做出判断。这意味着抽样调查需要有一定的样本，但是一旦超过临界点后，和母体大小的关系是完全可以忽略的。也就是说，大数据再大，只要科学抽样，哪怕只有百分之零点零零几的均匀抽样，效果也可以比 95% 不均匀的数据好。

所谓大数据，也不能光看绝对量，并非数据越多结果越可靠。以现在最热的个性化治疗为例，如果一种药对 95% 的人有效，但对我没有用，那这 95% 的数字对我而言便毫无意义。

一个真实的例子是，在 20 世纪 80 年代，英国有一个杂志登了两种治疗肾结石的方法。文章摘要宣称方法 A 治疗肾结石，成功率是 78%；用方案 B 的话，成功率是 83%。在没有其他信息的情况下，任何人都会认为 B 方案的治疗效果更好。但是仔细阅读那篇文章，你会发现当研究人员把病人分成大结石和小结石两组时，方案 A 比方案 B 在每组里的成功率都要高。

# AlphaGo 是怎么学会下围棋的

安德鲁·麦卡菲

由谷歌的子公司 Deep Mind 创建的人工智能系统 AlphaGo，不久前在一场围棋比赛中以 4∶1 的成绩战胜了人类冠军李世石。此事有何重大意义？毕竟，在 1997 年，IBM"深蓝"击败加里·卡斯帕罗夫后，电脑已经在国际象棋上超越了人类。人们为什么要对 AlphaGo 的胜利大惊小怪呢？

和国际象棋一样，围棋也是一种高度复杂的策略性游戏，不可能靠巧合和运气取胜。两名棋手轮番将黑色或白色的棋子落在纵横 19 道线的网格棋盘上，一旦棋子的四面被另一色棋子包围，就要被从棋盘上提走，最终在棋盘上占的地方多的那一方获胜。

然而和国际象棋不一样的是，没有人能解释顶尖水平的围棋棋手是怎么下棋的。我们发现，顶级棋手本人也无法解释他们为什么下得那么好。人类的许多能力中存在这样的不自知，从在车流中驾驶汽车，到辨识一张面孔。对于这一怪象，哲学家、科学家迈克尔·波兰尼有精彩的概括，他说：“我们知道的，比我们可言说的多。”这种现象后来就被称为“波兰尼悖论”。

波兰尼悖论并没有阻止我们用电脑完成一些复杂的工作，比如处理工资单、优化航班安排、转送电话信号和计算税单。然而，任何一个写过传统电脑程序的人都会告诉你，要想将这些事务自动化，必须极度缜密地向电脑解释人类要它做什么。

这样的电脑编程方式是有很大局限的，在很多领域无法应用，比如我们知道但不可言说的围棋，或者对照片中寻常物品的识别、人类语言间的转译和疾病的诊断等——多年来，基于规则的编程方法在这些事务上几无建树。

围棋的可能走法比宇宙间的原子总数还多，即使最快的电脑也只能模拟微不足道的一小部分。更糟的是，我们甚至说不清该从哪一步入手进行探索。

这次有什么不同？ AlphaGo 的胜利清晰地呈现了一种新方法的威力，这种方法并不是将聪明的策略编入电脑中，而是建造了一个能学习制胜策略的系统，这种系统在几乎完全自主的情况下，通过观看胜负实例来学习。

由于这种系统并不依赖人类对这项工作的已有知识，故而即使我们知道的比可言说的更多，也不会对它构成限制。

# 大数据让人无法遗忘

佚 名

有一位名叫史黛西的 25 岁单身母亲，在即将入职成为一名教师的时候，突然被学校告知："你不能来了，你的行为与一名教师不相符。"

史黛西并没有做过任何坏事，校方指的是网上的一张照片：她头戴一顶海盗帽子，正在喝一杯饮料。这张照片来自史黛西个人空间的主页，并被她取名为"喝醉的海盗"——很显然，这是一张朋友之间常见的搞怪照片。但校方发现照片后，认为学生可能会因看到教师喝酒的照片而受到不良影响。

把照片删了不就行了？但史黛西绝望地发现，她的照片已经被搜索引擎编录了，互联网永远记住了史黛西想要忘记也可能已经忘记的东西。

也许有人会说，你在社交网络上传照片的时候就应该意识到后果，你应该为自己的行为负责——更何况史黛西还为照片加了一个煽动性的标题。在维克托·迈尔-舍恩伯格的《删除》中，还讲了另一个故事。

一位 60 多岁的加拿大心理学家费尔玛德，打算穿过美国和加拿大的边境去接一个朋友——这件事他已经做过上百次。但这一次，边境卫兵突发奇想，"搜索"了一下他。结果卫兵找到了费尔玛德 5 年前发表在一个小众杂志上的文章，文中他提到自己在 30 多年前曾经服用过致幻剂。因此，费尔玛德不仅被扣留了 4 个小时，不允许入境，还被迫签署了一份声明，表示自己服用过致幻剂，所以再也不被允许进入美国境内。

和史黛西不一样，费尔玛德并不是互联网用户，也没有社交网络账号，但他在一本小杂志上发表的文章能在互联网上被轻易找到。

2007 年，谷歌向公众承认，他们一直储存着每位用户曾经键入的每次搜索请求，以及每位用户随后点击访问的每一条搜索结果。看起来这是一件好事：《大数据时代》一书多次描述了疫情蔓延时，谷歌利用这些数据判断出了疫情严重的地区——搜索疫情关键词的人数暴增的地区，并优先进行了救护。这就是大数据带给人们的便利。

实际上，大数据也有其可怕的一面，比如，谷歌记住了你希望忘掉的一切：幽会时订过的汽车旅馆、得过抑郁症、曾经写过的小说。在《删除》一书里，史黛西和费尔玛德并非个例，受到大数据"迫害"的还有无数人，有无法让互联网忘记十多年前细微证据的知名大律师，也有由于在社交网络上抱怨工作无聊而从此失业的英国小姑娘。

# 编后记

　　科技是国家强盛之基，创新是民族进步之魂。科技创新、科学普及是实现创新发展的两翼，科学普及需要放在与科技创新同等重要的位置。

　　作为出版者，我们一直思索有什么优质的科普作品奉献给读者朋友。偶然间，我们发现《读者》杂志创刊以来刊登了大量人文科普类文章，且文章历经读者的检验，质优耐读，历久弥新。于是，甘肃科学技术出版社作为读者出版集团旗下的专业出版社，与读者杂志社携手，策划编选了"《读者》人文科普文库·悦读科学系列"科普作品。

　　这套丛书分门别类，精心遴选了天文学、物理学、基础医学、环境生物学、经济学、管理学、心理学等方面的优秀科普文章，题材全面，角度广泛。每册围绕一个主题，将科学知识通过一个个故事、一个个话题来表达，兼具科学精神与人文理念。多角度、多维度讲述或与我们生活密切相关的学科内容，或令人脑洞大开的科学知识。力求为读者呈上一份通俗易懂又品位高雅的精神食粮。

　　我们在编选的过程中做了大量细致的工作，但即便如此，仍有部分作者未能联系到，敬请这些作者见到图书后尽快与我们联系。我们的联系方式为：甘肃科学技术出版社（甘肃省兰州市城关区曹家巷 1 号甘肃新闻出版大厦，联系电话：0931-2131576）。

　　丛书在选稿和编辑的过程中反复讨论，几经议稿，精心打磨，但难免还存在一些纰漏和不足，欢迎读者朋友批评指正，以期使这套丛书杜绝谬误，不断推陈出新，给予读者更多的收获。

　　　　　　　　　　　　　　　　　　　　　　　　　　丛书编辑组
　　　　　　　　　　　　　　　　　　　　　　　　　　2021 年 7 月